"十二五"职业教育国家规划教材
经全国职业教育教材审定委员会审定
高职高专机电一体化专业规划教材

基于Proteus的单片机应用技术
（第2版）

石从刚 宋剑英 主编

胡希勇 金龙国 崔连涛 张云龙 副主编

王美平 参编

电子工业出版社
Publishing House of Electronics Industry
北京·BEIJING

内 容 简 介

本书是作者在总结国家示范性高职院校机电一体化重点专业教学改革经验和教学成果的基础上编写而成的。全书共 10 个单元，采用任务驱动和项目驱动组织内容，通过 28 个任务和 2 个项目，介绍单片机的基本原理和编程技术，培养学生综合应用单片机技术的能力。

本书可作为高等职业教育机电类专业教材，也可作为应用型本科相关专业教学用书。

未经许可，不得以任何方式复制或抄袭本书之部分或全部内容。

版权所有，侵权必究。

图书在版编目（CIP）数据

基于 Proteus 的单片机应用技术/石从刚，宋剑英主编.—2 版.—北京：电子工业出版社，2017.8
ISBN 978-7-121-31951-8

Ⅰ. ①基… Ⅱ. ①石… ②宋… Ⅲ. ①单片微型计算机—系统仿真—应用软件—高等职业教育—教材
Ⅳ. ①TP368.1

中国版本图书馆 CIP 数据核字(2017)第 140287 号

策划编辑：朱怀永
责任编辑：朱怀永
文字编辑：李　静
印　　刷：北京虎彩文化传播有限公司
装　　订：北京虎彩文化传播有限公司
出版发行：电子工业出版社
　　　　　北京市海淀区万寿路 173 信箱　邮编 100036
开　　本：787×1092　1/16　印张：15.25　字数：390 千字
版　　次：2013 年 8 月第 1 版
　　　　　2017 年 8 月第 2 版
印　　次：2023 年 7 月第 15 次印刷
定　　价：38.00 元

前　言

青岛职业技术学院"单片机应用技术"课程组在示范院校建设和省级精品资源共享课建设项目的基础上，吸取多年教学改革的成果和经验，于 2013 年 8 月编写出版了"基于 Proteus 的单片机应用技术"，在 2014 年 7 月该教材荣获"十二五"职业教育国家规划教材。根据知识更新发展和学校教学改革的需要，新的编写团队在第 1 版的基础上编写了第 2 版。

本书以任务或项目的体例形式引导教与学，体现"学教做合一"的教学思路，非常适合作为高职院校电气自动化、机电一体化、应用电子等专业单片机课程的教材。教材通过任务或项目引入相关知识，每一个任务都包括任务目标、任务实施、相关知识、问题讨论、任务拓展等部分，学生在任务或项目的学习和实践中完成对理论知识的理解和实践能力的提高。

本书精心设计了 28 个任务和 2 个项目，兼具传统性和创新性，既相互独立，又存在内在联系，知识由浅入深，非常适合零基础的高职学生的学习和训练。教材采用 C 语言进行编程，对于没有 C 语言基础的学生，通过单元 1 的学习，能够基本掌握 C 语言的语法和结构化程序设计方法。

本书配套丰富的教学资源，包含电子教学课件、源代码文件、仿真电路、习题答案等。全书共 10 个单元，第 1 单元介绍单片机最小系统，包含 Keil 软件、Proteus 软件、时钟电路、复位电路、并行 I/O 端口、C51 的基本语法和程序结构等；第 2 单元介绍单片机内部存储器系统，包含内部 RAM 结构、外部 RAM、内部 ROM 等；第 3 单元介绍单片机内部定时器/计数器系统；第 4 单元介绍单片机中断系统；第 5 单元介绍单片机串行口，包括方式 0 的应用和方式 1 的双机串行异步通信应用；第 6 单元介绍单片机系统扩展，包括存储器的扩展和并行 I/O 扩展；第 7 单元介绍单片机显示系统，包含数码管的静态显示、动态显示、液晶显示；第 8 单元介绍单片机键盘系统，包含简单键盘接口和矩阵式键盘接口技术；第 9 单元介绍单片机 A/D、D/A 转换接口，包含并行和串行 A/D 转换接口技术、并行和串行 D/A 转换接口技术；第 10 单元设计 2 个综合项目，提高学生硬件和软件综合设计能力。

本书是作者多年教学实践与科研开发的经验积累，书中所有任务程序都通过调试且运行结果正确，同时为了使本书的内容更加丰富和完整，书中也引用了部分参考书籍的内容，主要来源见参考文献，在此对有关作者表示感谢。

本书由石从刚、宋剑英任主编，胡希勇、金龙国、崔连涛、张云龙任副主编。石从刚编写单元 5～9；宋剑英编写单元 1、4；胡希勇编写单元 10；金龙国编写单元 2；崔连涛编写单元 3；张云龙编写各单元习题及答案，并对教材的策划进行了修改；王美平参与教材课件制作和仿真电路绘制等工作；全书由石从刚统稿。

由于时间仓促，加之编者水平有限，书中的不足之处在所难免，恳请读者批评指正。

编　　者

2017 年 5 月

青岛职业技术学院

目　录

单元 1　单片机最小系统

知识点

1. C51 应用程序的基本结构。
2. C51 语言中的基本数据类型、一维数组、二维数组。
3. C51 语言中的赋值运算符、算术运算符、逻辑运算符、关系运算符、位逻辑运算符及表达式。
4. 单片机 AT89C51 最小系统的硬件电路构成。
5. 单片机 AT89C51 引脚及功能。
6. 单片机 AT89C51 内部 I/O 口的结构及功能。
7. if～else 语句、switch 语句、while 语句、for 语句、do～while 语句语法及功能。

技能点

1. 掌握利用 Keil C51 编译软件编辑、编译源程序的技能。
2. 掌握利用 Proteus 仿真软件绘制硬件电路、仿真观察结果的技能。
3. 掌握利用单片机 I/O 口控制发光二极管显示的技能。
4. 掌握利用 if～else、switch 语句编写分支程序的技能。

单片机的最小系统是指 CPU 加上外部的时钟电路和复位电路构成的最小单元系统，单片机的最小系统是单片机正常运行的最基本的硬件单元，通过 I/O 口外加适当的显示装置、键盘等设备就可构成功能较复杂的系统。本单元通过单片机最小系统外接 8 个发光二极管构成的硬件电路，引出如何利用 Proteus 仿真软件绘制电路、运行调试程序等操作；利用 C51 语言编写应用程序并通过 Keil C51 编译软件编译调试产生目标文件，引出利用 Keil C51 编译软件如何实现源程序的编辑、编译、调试运行等操作；通过 7 个任务分别学习单片机的内部结构和引脚功能、C51 语言中的基本数据类型和常用表达式、数组数据类型、选择控制语句、循环控制语句、函数定义和调用等基础知识。要认真学习本单元内容，为后续单元的学习打好基础。

任务 1　用 Proteus 仿真软件绘制单片机最小系统

1.1.1　任务目标

　　本任务是要用 Proteus 仿真软件绘制出如图 1-1 所示单片机最小系统，通过对该电路的绘制，掌握使用 Proteus 仿真软件绘制电路的步骤，掌握启动 Proteus 仿真软件，然后从元件库中挑选器件、放置器件、编辑器件属性、连线等操作命令。

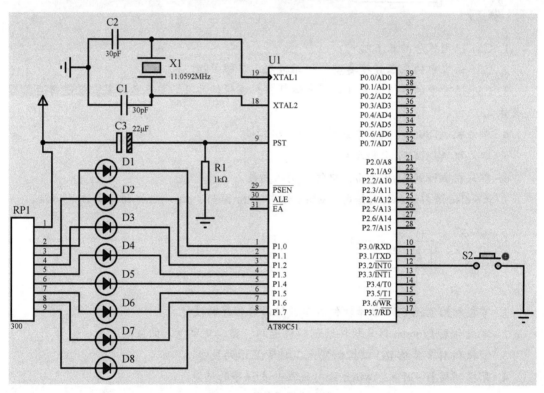

图 1-1　单片机最小系统

1.1.2　任务实施

1. 启动 Proteus 仿真软件

双击 Proteus ISIS（图标 **⑤⑤**），进入如图 1-2 所示窗口。

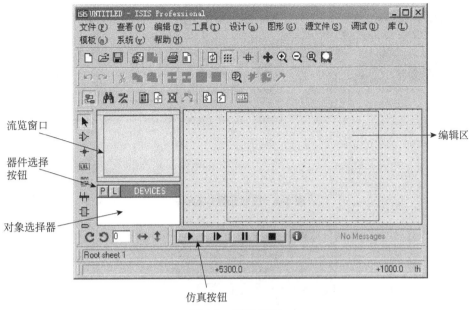

流览窗口

器件选择
按钮

对象选择器

编辑区

仿真按钮

图 1-2　ISIS 窗口

2．选取元器件

单击图 1-3 中的"P"按钮，弹出如图 1-4 所示的选取元器件对话框。在其左上角"Keywords"一栏中输入元器件名称"at89c51"，则出现与关键字匹配的元器件列表。选中并双击 AT89C51 所在行，再单击"OK"按钮，便将器件 AT89C51 加入到 ISIS 对象选择器中。按此方法完成"CAP""CAP-ELEC"等器件的选取，结果如图 1-5 所示。

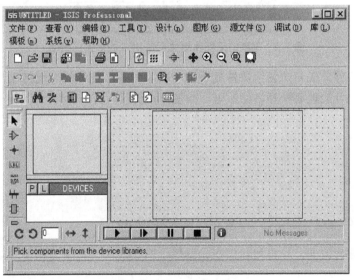

图 1-3　单击"P"按钮

3．放置、移动、旋转元器件

单击 ISIS 对象选择器中的元器件名，蓝色条出现在该元器件名上。把鼠标指针移到编辑区某位置后，单击就可放置元器件于该位置，每单击一次，就放一个元器件。

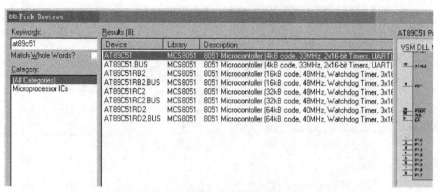

图1-4　选取元器件对话框

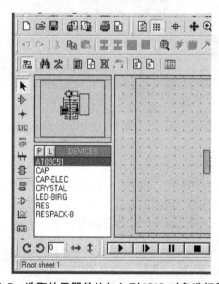

图1-5　选取的元器件均加入到 ISIS 对象选择器中

要移动元器件，先右击使元器件处于选中状态，再按住鼠标左键拖动，元器件就跟随指针移动，到达目的地后松开鼠标即可，如图1-6所示。

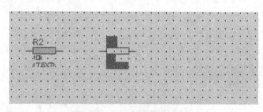

图1-6　移动元器件 R2

要调整元器件方向，先将指针指在元器件上右击选中，再单击相应的转向按钮，如图1-7所示。

4．放置电源、地（终端）

放置 POWER（电源）操作：单击模式选择工具栏中的终端按钮，在 ISIS 对象选择器中单击"POWER"，如图1-8所示，再在编辑区要放置电源的位置单击完成。放置 GROUND（地）的操作类似。

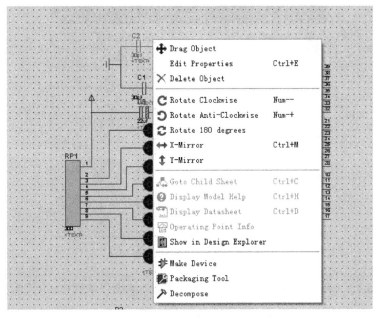

图 1-7　调整元器件方向

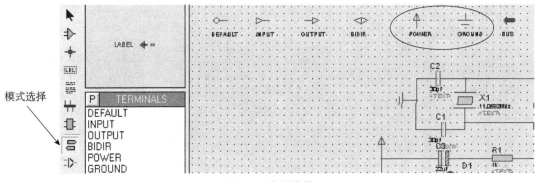

图 1-8　终端符号

5．电路图布线

系统默认自动捕捉和自动布线有效。相继单击元器件引脚间、线间等要连线的两处，则自动生成连线。

6．设置、修改元器件的属性

元件库中的元器件都有相应的属性，要设置、修改它们的属性，可双击编辑区的元器件，打开属性对话框，在该属性对话框中直接设置、修改属性。例如，修改原理图（见图1-1）中电阻 R1 的属性，如图1-9所示。完成硬件电路设计如图1-10所示。

7．保存文件

选择"File"→"Save Design"命令，弹出如图1-11所示的"Save ISIS Design File"对话框。在"文件名"文本框中输入文件名后单击"保存"按钮，则完成设计文件的保存。若设计文件已命名，只要单击"保存"按钮即可。

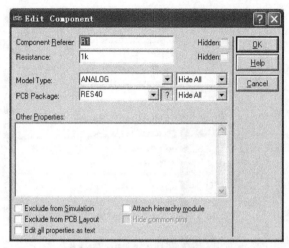

图 1-9　设置 R1 的阻值为 1kΩ

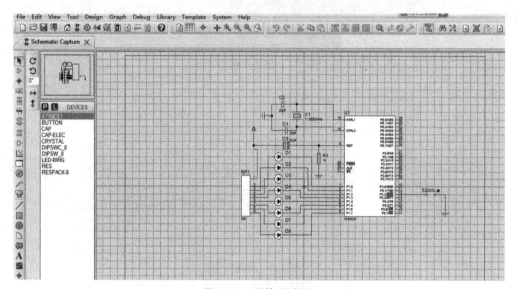

图 1-10　硬件设计图

图 1-11　"Save ISIS Design File" 对话框

任务 2 固定点亮彩灯

1.2.1 任务目标

本任务是用单片机的 P1 口控制外接的 8 个发光二极管固定显示，硬件电路如图 1-1 所示。要使单片机正常工作，除了有正确的硬件电路以外，还要有正确的应用程序。本任务的重点之一就是要学会用 C 语言编写最简单的源程序，并学会通过 Keil C51 编译软件将源程序编译、连接产生 .hex 文件，然后装载到单片机，运行程序观察仿真结果。

1.2.2 任务实施

1. 启动 μVision2

双击桌面 μVision2 图标，启动 Keil C51 软件，进入如图 1-12 所示界面。

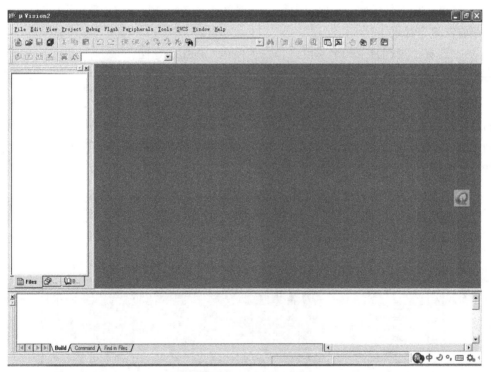

图 1-12 μVision2 软件界面

2. 建立工程

在 Keil C51 软件中，文件的管理使用工程的方法，而不是单一文件的模式，所有的文件包括源程序（包括 C51 程序和汇编程序）、头文件，甚至说明性的技术文档都可以放在工程里统一管理。

启动 μVision2 后，μVision2 总是打开前一次处理的工程，可以选择"Project"→"Close Project"命令关闭。要建立一个新工程，可以选择"Project"→"New"，出现的对话框如图 1-13 所示。

图 1-13 新建工程对话框

填写新建工程的名称。

① 为工程选一个名称，如 my_prj。

② 选择工程存放的路径，建议为每个工程单独建立一个目录，并且工程中需要的所有文件都放在这个目录下。

③ 在选择了工程目录和名称后，单击"保存"按钮，返回。

3．为工程选择目标器件

在工程建立完毕以后，μVision2 会立即弹出器件选择对话框，如图 1-14 所示，器件选择的目的是告诉 μVision2 使用的 AT89C51 芯片的型号是哪一个公司的哪一个型号，因为不同型号的 51 芯片内部的资源是不同的，μVision2 可以根据选择进行 SFR 的预定义，在软硬件仿真中提供易于操作的外设浮动窗口等。

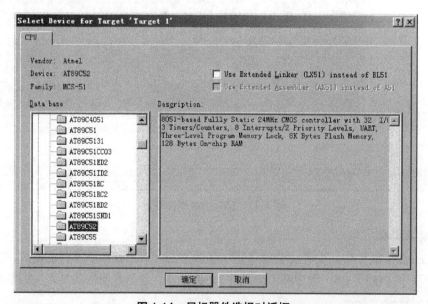

图 1-14 目标器件选择对话框

在图 1-14 所示对话框中，μVision2 支持的所有型号根据生产厂家形成器件组，可以打开相应的器件组并选择相应的器件型号，如选择 Atmel 器件组里的 AT89C52。

4．建立/编辑程序文件

到现在，已经建立了一个空白的工程文件，并已为工程选择好目标器件，但是这个工程里没有任何程序文件，程序文件的添加必须人工进行。如果程序文件在添加前还没有创立，用户还必须建立它。

选择"File"→"New"命令后，在文件窗口会出现 Text1 的新文件窗口。如果多次选择"File"→"New"命令，则会出现 Text2、Text3 等多个新文件窗口。在名字为 Text1 的新文件框架中，编辑源程序，如图 1-15 所示。

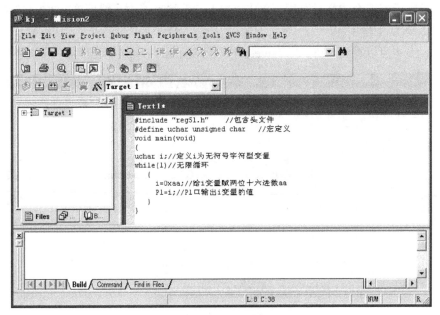

图 1-15　源程序编辑窗口

源程序编辑完毕后，需要把它保存起来，并为它起一个正式的名字。选择"File"→"Save As"命令，出现如图 1-16 所示的对话框，在"文件名"文本框输入文件的正式名称，如 LED.C。

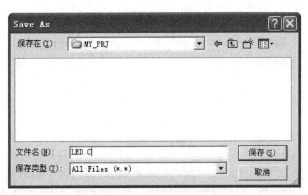

图 1-16　保存新建文件对话框

　　保存时要注意文件的后缀，因为 μVision2 要根据后缀判断文件的类型，从而自动进行处理。如果建立的是一个 C51 程序，则输入文件名称为*.C。唯一需要注意的是，文件要保存在同一的工程目录 my_prj 中，而不要放置在其他目录中，否则容易造成工程管理混乱。

5．为工程添加文件

　　上面建立的程序文件 LED.C 与工程还没有建立起任何关系，因此首先要把 LED.C 添加到 my_prj 工程中。

　　① 右击"Source Group1"，弹出的菜单如图 1-17 所示。

　　② 在菜单中选择"Add Files to Group 'Source Group1'"（向工程中添加程序文件）后，弹出文件选择对话框，如图 1-18 所示，从中选择要添加的程序文件。可以根据要加入的文件类型显示出所有符合的文件列表，单击"LED.C"将其选中，然后单击"Add"按钮，就将 LED.C 加入到工程中。

　　在图 1-19 中可以看到，在工程 Target1 下的组 Source Group1 中已经加入了文件 LED.C。

图 1-17　添加工程文件菜单

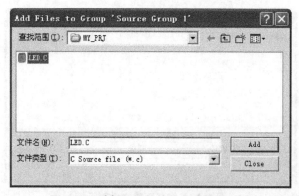

图 1-18　选择要添加的工程文件对话框

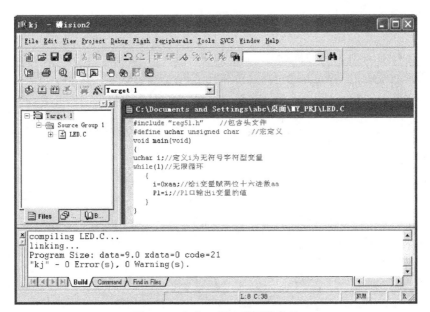

图 1-19　加入工程文件后的窗口

6．对工程进行设置

右击工程名"Target1"，出现工程设置选择菜单，如图 1-20 所示。

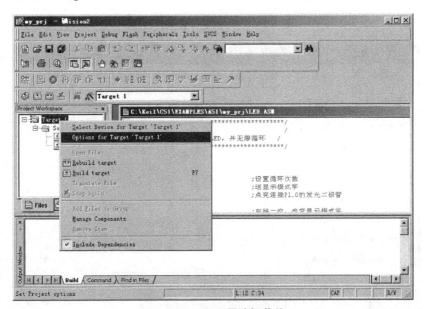

图 1-20　工程设置选择菜单

选择菜单上的"Option for Target'Target1'"选项后，出现工程设置对话框。在其中完成如下设置。

（1）"Target"设置

单击"Target"标签，打开如图 1-21 所示对话框。

（2）"Output"设置

单击"Output"标签，打开如图 1-22 所示对话框，在其中选中"Create HEX File"复选框。

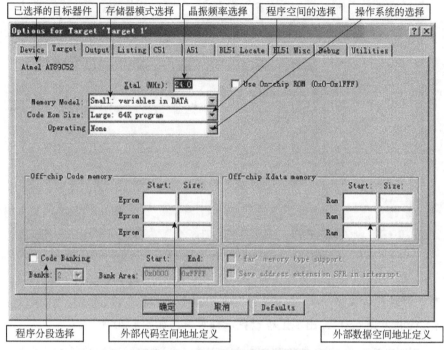

图 1-21　"Target"设置对话框

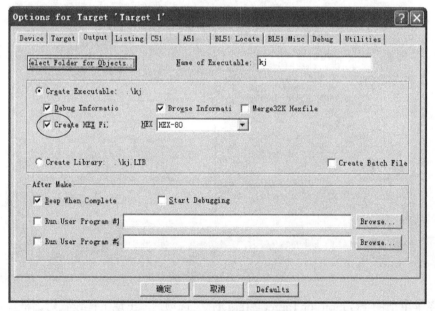

图 1-22　"Output"设置对话框

7．对工程进行编译/连接

在 μVision2 环境中，程序编写完毕后还须要编译和连接才能够进行软件和硬件仿真。在程序的编译/连接中，如果程序出现错误，还须要修正错误后重新编译/连接。

选择"Project"命令，再选择"Rebuild all target files"选项，如图 1-23 所示。

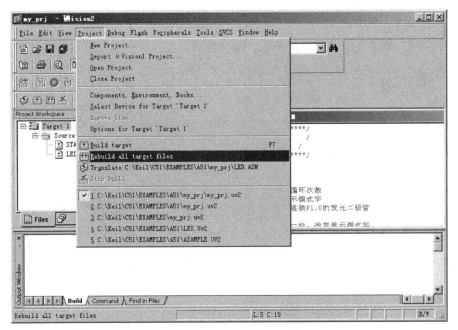

图 1-23 请求编译/连接工程

如果用户程序和工程设置没有错误，编译和连接将能顺利完成，在工程文件夹里产生了 LED.HEX 文件，操作信息在如图 1-24 所示信息输出窗口中提示。

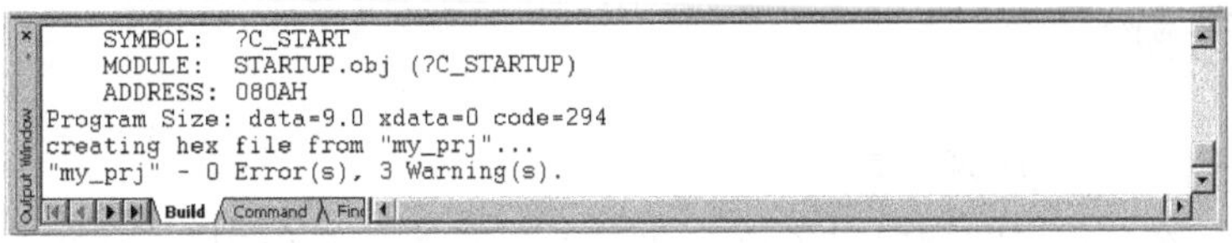

```
    SYMBOL:   ?C_START
    MODULE:   STARTUP.obj (?C_STARTUP)
    ADDRESS:  080AH
Program Size: data=9.0 xdata=0 code=294
creating hex file from "my_prj"...
"my_prj" - 0 Error(s), 3 Warning(s).
```

图 1-24 信息输出窗口

8．加载执行文件到 CPU

在图 1-1 中，双击 AT89C51（CPU）弹出如图 1-25 所示对话框。单击浏览文件按钮，找到要添加的 LED.hex 文件，单击"OK"按钮，关闭对话框。

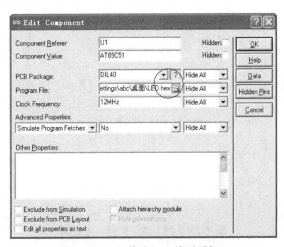

图 1-25 加载执行文件对话框

9．执行程序，观察效果

在图 1-26 中单击连续运行程序按钮，观察效果。

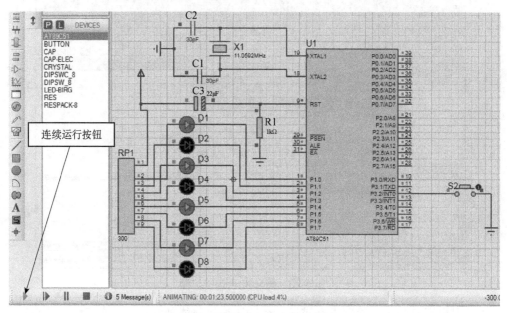

图 1-26　连续运行程序及其结果

1.2.3　相关知识

1．认识一个简单 C51 源程序

通过上面已经运行过的程序来了解一个 C51 源程序的一般结构，如图 1-27 所示。

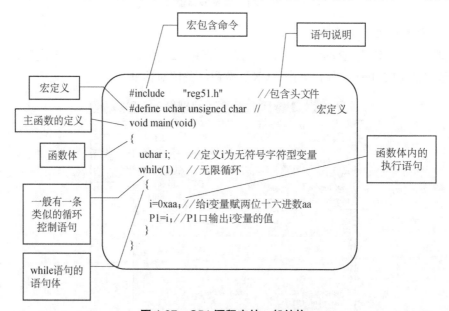

图 1-27　C51 源程序的一般结构

一个 C51 源程序从结构上讲必须有且只有一个 main（）函数，必须用宏包含命令 include 将"reg51.h"头文件包含到源程序中来，另外 main（）函数的函数体中还要有执行语句。

（1）常用宏命令介绍

宏命令必须以"#"开头。这些命令是在编译系统翻译代码之前需要由预处理程序处理的。"#define"为宏定义命令，"#define uchar unsigned char"是将"unsigned char"定义为"uchar"。

①　"#include"宏包含命令。

宏包含命令格式：#include "具体头文件名" 或#include <具体头文件名>

程序中的"#include " reg51.h ""命令是请求预处理程序将"reg51.h"头文件包含到程序中来。这个文件中定义了 51 单片机的特殊寄存器和中断，必须作为程序的一部分，否则会因为程序中用到了单片机内部的特殊寄存器而编译通不过。"reg51.h"头文件是 Keil C51 编译软件自身带有的头文件，程序中也可包含程序设计者自己定义的头文件。

②　"#define"宏定义命令。

宏定义命令格式：#define 宏替换名　　宏替换体

程序中"#define uchar unsigned char"是将"unsigned char"定义为"uchar"，编译时用"unsigned char"替换"uchar"。

（2）main（）函数结构介绍

定义的函数必须包含函数名和函数体，main（）函数也是一样。main（）函数的定义格式为：

类型说明符　main（参数表）

参数说明；

{

　　变量类型说明；

　　执行语句部分；

}

程序中，"void main（void）"行第一个"void"表示该 main（）函数没有数据返回，第二个"void"表示该 main（）函数不带参数，两个 void 都可缺省；"uchar i；"语句定义"i"为无符号字符型变量；函数体或语句体要用一对"{ }"括起来。

2. C51 程序的变量数据类型

C51 语言具有非常丰富的数据类型。C51 语言的数据类型如下所示：

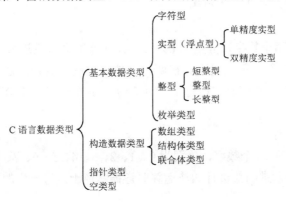

C51 语言的基本数据类型是构成其他数据类型的基础。C 语言的基本数据类型包括字符型、整型、实型和枚举类型。

以 IBM PC 为例，其基本数据类型及所占字节数见表 1-1。单精度实数提供 7 位有效数字，双精度实数提供 15～16 位有效数字，数值的范围随机器系统而异。

表 1-1　数字的范围

类型	所占位数	数的范围	说明
int	16	−32768～32767	普通整型（简称整型）
short［int］	16	−32768～32767	短整型
long［int］	32	−2147483648～2147483647	长整型
unsigned int	16	0～65535	无符号整型
unsigned short	16	0～65535	无符号短整型
unsigned long	32	0～4294967295	无符号长整型
float	32	10^{-38}～10^{38}	单精度实型
double	64	10^{-308}～10^{308}	双精度实型
char	8	−128～+127	字符型
unsigned char	8	0～255	无符号字符型

例如，程序中用"uchar i;"语句定义了一个无符号字符型变量 i。

3．C51 程序中的赋值运算符

普通赋值运算符记为"="。由"="连接的式子称为赋值表达式。

其一般形式为：

变量=表达式

例如：

i=0xaa；//相当于将十进制数 170 赋值给变量 i

i=100；//将十进制数 100 赋值给变量 i

注意：C 语言语句都以"；"结束，"0xaa"说明"aa"为 16 进制数，"0x"是 C 语言中 16 进制数说明符号。

4．C51 程序中的数制及表示形式

（1）二进制数制

二进制数制中有两个数字，分别为 0 和 1，在计算机里面通常用二进制数"0"表示低电平，而二进制数"1"表示高电平。在两个一位二进制数进行加法和减法计算时，遵循"0+0=0""0+1=1""1+1=0 同时向前进 1""0−0=0""1−0=1""1−1=0""0−1=1 同时向前借1"的原则。

（2）十六进制数制

十六进制数字中有 16 个数字，分别为 0、1、2、3、4、5、6、7、8、9、A、B、C、D、E、F。在两个 1 位十六进制数进行加法运算时遵循"逢十六进一"的原则，如"9+A=3 同时向前进 1"。在两个 1 位十六进制数进行减法运算时遵循"不够减向前借一"的原则，如"1–8=9 同时向前借 1"。一个十六进制数要用 4 位二进制数来表示，十进制数、二进制数、十六进制数三者的关系见表 1-2。

表 1-2　十进制数、二进制数、十六进制数关系表

十进制数	二进制数	十六进制数	十进制数	二进制数	十六进制数
0	0000	0	8	1000	8
1	0001	1	9	1001	9
2	0010	2	10	1010	A
3	0011	3	11	1011	B
4	0100	4	12	1100	C
5	0101	5	13	1101	D
6	0110	6	14	1110	E
7	0111	7	15	1111	F

在计算机存储器里面，任何一个数都是以二进制数形式存放的。由于二进制中表示一个数所对应的位数较多，书写不方便，就通常引入十六进数来表示一个二进制数。在 C51 程序里面，用"0x"开头来表示一个数为十六进数，如程序中"i=0xaa;"语句将一个 2 位十六进制数 aa 赋值给变量 i。

5．二进制数中位、字、节字的概念

一个字节（Byte）等于 8 个二进制位（bit），一个字（word）等于两个字节即 16 个二进制位。在计算机存储器里面，一般以字节为单位来存储数据，因此，存储器的容量一般也以能存放的字节数据量来表示。

6．发光二极管是如何被点亮的？

下面以单片机 P1.1 引脚外接的发光二极管电路为例来说明发光二极管是如何被点亮的。发光二极管与单片机的连接电路如图 1-28 所示。只要发光二极管上有 5～20mA 的从左到右的正向电流从发光二极管的正端流过负端，发光二极管就会发光，即被点亮。CPU 通过运行程序，在 P1.1 引脚上可以输出高电平或低电平。当 P1.1 引脚上输出低电平时，就有正向电流通过发光二极管，发光二极管就被点亮。

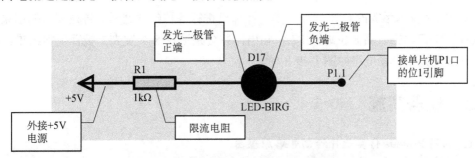

图 1-28　发光二极管与单片机的连接电路

1.2.4　问题讨论

① 任务中编译的 C51 程序中，第一条 "#include "reg51.h"" 宏包含命令起什么作用？能去掉吗？

提示：不能去掉，去掉后就会出现语法错误，编译通不过。这里的 P1 是单片机内部的一个特殊寄存器的名称，该名称已经在 "reg51.h" 这个头文件里定义，在程序中可以直接使用，前提是必须用 "#include "reg51.h"" 宏包含命令将 "reg51.h" 头文件包含到源程序中来。

② 程序中定义了一个无符号的字符型变量 i，根据表 1-1 可知，它能存放的数据范围是 0～255，一旦要存放的数超过了这一范围，程序就会出现逻辑错误，即运行结果会不正确。在变量定义和使用时要注意什么呢？

③ 计算机的存储器里存放的数据以哪一种数制存放？程序中可以出现十进制数吗？

1.2.5　任务拓展

将图 1-26 中的八个发光二极管按 D1～D8 的顺序依次接到 P2.0～P2.7 的引脚上，程序中的 P1 改为 P2，观察各二极管的显示状态是否改变。

任务 3　计算结果输出点亮彩灯

1.3.1　任务目标

本任务通过算术运算计算表达式的值，然后将结果用单片机的 P1 口和 P2 口输出，分别用来控制外接的 8 个发光二极管固定显示。通过本任务的学习，掌握 C 语言中的算术运算符和表达式；掌握 51 单片机的内部结构和引脚功能；掌握 51 单片机的复位电路和时钟电路；掌握 51 单片机的 I/O 口及功能。

1.3.2　任务描述

编写实现算术运算的 C51 程序，模拟计算机进行各种数据处理，将处理后的结果的低 8 位通过 P1 口输出、高 8 位通过 P2 口输出，并分别通过 8 个发光二极管观察结果。P1、P2 口外接发光二极管电路如图 1-29 所示。

1.3.3　任务实施

1．利用 Proteus 仿真软件绘制电路原理图

按照任务 1 的 Proteus 仿真软件绘制电路原理图如图 1-29 所示，绘制原理图时的需要添加的元件见表 1-3。

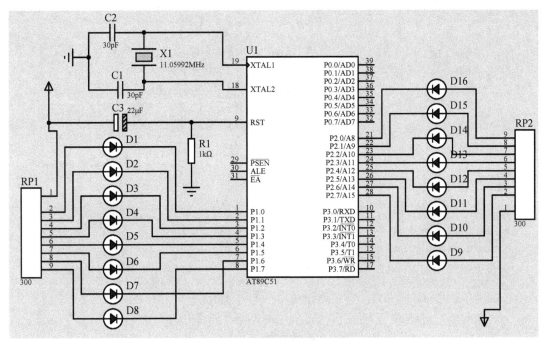

图 1-29　P1、P2 口外接发光二极管电路

表 1-3　元件列表

元件编号	元件参考名	元件参数值
C1	CAP	30pF
C2	CAP	30pF
C3	CAP-ELEC	22μF
X1	CRYSTAL	11.0592MHz
D1～D16	LED-RED	
R1	RES	1kΩ
RP1、RP2	RESPARK-8	300Ω
U1	AT89C51	

2．C51 应用程序的编写

下面以编写好的三个源程序为例，学习 C51 语言中的主要算术运算符和算术运算表达式。

（1）源程序 1

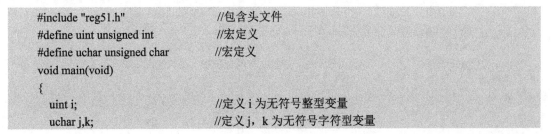

```
#include "reg51.h"              //包含头文件
#define uint unsigned int       //宏定义
#define uchar unsigned char     //宏定义
void main(void)
{
  uint i;                       //定义 i 为无符号整型变量
  uchar j,k;                    //定义 j，k 为无符号字符型变量
```

```
    while(1)                            //无限循环
      {
        i=0xAA55;                       //给 i 变量赋一个字的数据
        j=i/256;                        //取 i 变量的高字节赋值给 j 变量
        k=i%256;                        //取 i 变量的低字节赋值给 k 变量
        P1=k;                           //P1 口输出 i 变量的低 8 位值
        P2=j;                           //P2 口输出 i 变量的高 8 位值
      }
}
```

（2）源程序 2

```
#include "reg51.h"                      //包含头文件
#define uint unsigned int               //宏定义
#define uchar unsigned char             //宏定义
void main(void)
{
    uint i;                             //定义 i 为无符号整型变量
    uchar j,k;                          //定义 j，k 为无符号字符型变量
    while(1)                            //无限循环
      {
        i=0x1000;                       //给 i 变量赋一个字的数据
        j=(i+0x0100)/256;               //取 i+0x0100 的和的高字节赋值给 j 变量
        k=(i+0x00ee)%256;               //取 i+0x00ee 的和的低字节赋值给 k 变量
        P1=k;                           //P1 口输出 k 变量的 8 位值
        P2=j;                           //P2 口输出 j 变量的 8 位值
      }
}
```

（3） 源程序 3

```
#include "reg51.h"                      //包含头文件
#define uint unsigned int               //宏定义
#define uchar unsigned char             //宏定义
void main(void)
{
    uint i;                             //定义 i 为无符号整型变量
    uchar j,k;                          //定义 j，k 为无符号字符型变量
    while(1)                            //无限循环
      {
        i=0x1000;                       //给 i 变量赋一个字的数据
        j=（i-0x0100）/256;              //取 i-0x0100 的差的高字节赋值给 j 变量
        k=(i-0x00ee)%256;               //取 i-0x00ee 的差的低字节赋值给 k 变量
        P1=k*2;                         //P1 口输出 k*2 的 8 位值
        P2=j*2;                         //P2 口输出 j*2 的 8 位值
      }
}
```

3. 执行程序，观察效果

将上面三个程序分别编译成功后的.HEX 文件加载到 CPU，执行程序并观察结果。

1.3.4 相关知识

1. 无符号整型变量的定义形式

unsigned int 变量表

变量表中，各变量之用逗号隔离。例如；

unsigned int i，j，k；

一个整型变量在存储器中占两个字节空间，分为高字节存储空间和低字节存储空间。

2. C51 程序中的算术运算符

在 C51 语言中，算术运算符有以下几种。

① 加法运算符 "+"。加法运算符为双目运算符，即应有两个量参与加法运算，如 a+b，4+8 等。"+" 也可作为正号运算符，此时为单目运算，如+4，+1.4 等。

② 减法运算符 "–"。减法运算符为双目运算符。但 "–" 也可作为负值运算符，此时为单目运算，如-x，–5 等。C51 程序中的十六进制加、减运算实际上是对应的十六进制数相加、减。例如，在源程序 3 中，"j=（i-0x0100）/256" 语句实际上是先进行 i-0x0100，即

$\quad$ 0x1000

$-$0x0100

$\quad$ 0x0f00

然后再除以 256，将结果赋值给 j 变量，所以 j 变量的值为 0x0f。

③ 乘法运算符 "*"。乘法运算符为双目运算符，如 4*7。C51 程序中的 8 位无符号数乘 2 运算等于将无符号数的 8 位值的最高位去掉而最低位补零。例如，源程序 3 中的 k 变量值为 0x12，即二进制数为 00010010，乘 2 后为 00100100，所以 P1 口外接的 D1，D2，D4，D5，D7，D8 灯亮。

④ 除法运算符 "/"。除法运算符为双目运算符。参与运算量均为整型时，结果也为整型，舍去小数。如果运算量中有一个是实型，则结果为双精度实型。例如，源程序 1 中 "i/256" 的结果为字符型数据。

⑤ 求余运算符（模运算符）"%"。也叫作求模运算符，为双目运算符。要求参与运算的量均为整型。求余运算的结果等于两数相除后的余数。例如，源程序 1 中 "i%256" 的结果为字符型数据。

3. C51 程序中的算术表达式

算术表达式是由常量、变量、算术运算符和圆括号等连接起来的式子。以下均是算术表达式的例子：

a+b

（a*2）/c

（x+r）*8−（a+b）/7

a+b*4−10%3

对于算术表达式要求掌握求值的顺序和求值方法。例如，上面最后一个表达式，如果给 a 赋值"3"，给 b 赋值"6"，则此表达式的值就是"26"。

4．单片机及单片机最小系统的概念

单片机就是把中央处理器 CPU（Central Processing Unit）、随机存取存储器 RAM（Random Access Memory）、只读存储器 ROM（Read Only Memory）或 EPROM 或 E^{2}PROM 或 FlashROM、定时器/计数器及 I/O（Input/Output）接口电路等主要计算机部件集成在一块集成电路芯片上的微型计算机。

单片机最小系统就是能让单片机工作起来的一个最基本的组成电路，如图 1-1 所示，包含时钟电路、复位电路、工作电源输入。

5．80C51 单片机的基本组成

80C51 单片机的基本组成如图 1-30 所示。

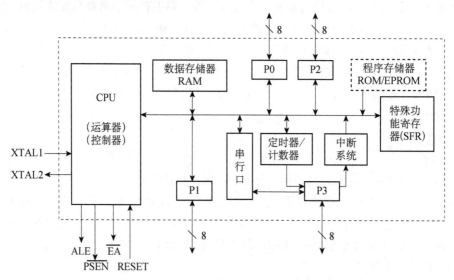

图 1-30　80C51 单片机的基本组成

（1）中央处理器（CPU）

中央处理器是单片机核心，完成运算和控制功能。

（2）内部数据存储器（内部 RAM）

AT89C51 芯片中共有 256 个字节 RAM 单元，高 128 字节单元被专用寄存器占用，用户使用低 128 字节单元存放数据。通常所说的内部数据存储器就是指低 128 字节单元，简称内部 RAM。

（3）内部程序存储器（内部 ROM）

AT89C51 单片机内部共有 4 KB Flash ROM，用于存放程序、原始数据或表格，称为程序存储器，简称内部 ROM。另外，80C52 单片机内部共有 8 KB Flash ROM。

（4）定时器/计数器

AT89C51 共有两个 16 位的定时器/计数器，实现定时或计数功能。

（5）并行 I/O 口

AT89C51 共有 4 个 8 位的 I/O 口（P0，P1，P2，P3），实现数据的并行输入/输出。

（6）串行口

AT89C51 单片机有一个全双工的串行口，实现单片机和外设的串行数据传送。该口既可作为全双工异步通信收发器使用，也可作为同步移位器使用。

（7）中断控制系统

AT89C51 共有 5 个中断源，即外部中断两个、定时/计数中断两个、串行中断一个。中断可分为高、低两个优先级。

（8）时钟电路

AT89C51 芯片内部有时钟电路，但石英晶体和微调电容需外接。时钟电路为单片机产生时钟脉冲序列，脉冲序列的频率由晶振频率决定，系统允许的最大晶振频率一般不超过 24 MHz。

综上所述，AT89C51 虽是单一芯片，但作为计算机的基本部件基本都已包括，只须加上较少的、所需要的输入/输出设备或驱动电路，就可构成一个实用的微型计算机系统。

6．AT89C51 的引脚及功能

AT89C51 单片机实际有效的引脚为 40 个，为双列直插式集成电路芯片，如图 1-31 所示。

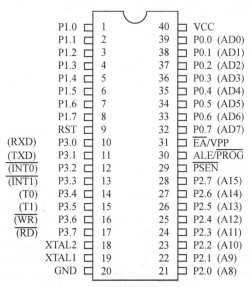

图 1-31　80C51 单片机引脚图

（1）主电源引脚 GND 和 Vcc

① GND：电源地。

② Vcc：电源正端，+5V。

（2）时钟电路引脚 XTAL1 和 XTAL2

外接晶体引线端。当使用芯片内部时钟时，这两个引线端用于外接石英晶体和微调电

容；当使用外部时钟时，用于接外部时钟脉冲信号。

（3）控制信号引脚

① ALE：地址锁存控制信号。在系统扩展时，ALE 用于控制把 P0 口输出的低 8 位地址锁存起来，以实现低位地址和数据的隔离。此外，由于 ALE 是以晶振 1/6 的固定频率输出的正脉冲，因此可作为外部时钟或外部定时脉冲使用。

② $\overline{PSEN}$：外部程序存储器读选通信号。在读外部 ROM 时，$\overline{PSEN}$ 有效（低电平），以实现外部 ROM 单元的读操作。

③ $\overline{EA}$：访问程序存储控制信号。当信号为低电平时，对 ROM 的读操作限定在外部程序存储器；当信号为高电平时，对 ROM 的读操作是从内部程序存储器开始的，并可延至外部程序存储器。

④ RST：复位信号。当输入的复位信号延续两个机器周期以上的高电平时，复位信号有效，用以完成单片机的复位初始化操作。

（4）输入/输出引脚（P0，P1，P2 和 P3 端口引脚）

P0，P1，P2 和 P3 端口是单片机与外界联系的 4 个 8 位双向并行 I/O 端口。

① P0.0～P0.7：P0 口 8 位双向口线。

② P1.0～P1.7：P1 口 8 位双向口线。

③ P2.0～P2.7：P2 口 8 位双向口线。

④ P3.0～P3.7：P3 口 8 位双向口线。

P3 口线的每一个引脚都有第二功能，如表 1-4 所示。

表 1-4　P3 口引脚第二功能表

引脚	第二功能	信号名称
P3.0	RXD	串行数据接收
P3.1	TXD	串行数据发送
P3.2	$\overline{INT0}$	外部中断 0 申请
P3.3	$\overline{INT1}$	外部中断 1 申请
P3.4	T0	定时器/计数器 0 的外部输入
P3.5	T1	定时器/计数器 1 的外部输入
P3.6	$\overline{WR}$	外部 RAM 写选通
P3.7	$\overline{RD}$	外部 RAM 读选通

7．时钟电路

（1）时钟信号的产生

在 AT89C51 芯片内部有一个高增益反相放大器，其输入端为芯片引脚 XTAL1，其输出端为引脚 XTAL2。在芯片的外部，XTAL1 和 XTAL2 之间跨接晶体振荡器和微调电容，从而构成一个稳定的自激振荡器，这就是单片机的时钟电路，如图 1-32 所示。

通常，电容 C_1 和 C_2 取 30pF 左右，晶体的振荡频率范围是 1.2～24MHz。晶体振荡频率高，则系统的时钟频率也高，单片机运行速度就快。

（2）引入外部脉冲信号

在有多片单片机组成的系统中，为了各单片机之间时钟信号的同步，通常使用唯一的公用外部脉冲信号作为各单片机的振荡脉冲。外部的脉冲信号经 XTAL2 引脚注入，其连接如图 1-33 所示。

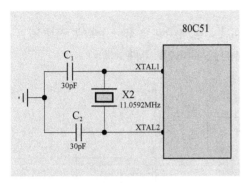

图 1-32　时钟振荡电路

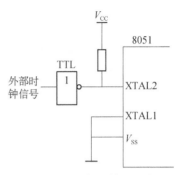

图 1-33　外部时钟源接法

8．单片机的复位电路

（1）复位操作

复位是单片机的初始化操作，其主要功能是将 PC 初始化为 0000H，使单片机从 0000H 单元开始执行程序。除了进入系统的正常初始化外，当由于程序运行出错或操作错误使系统处于死锁状态时，需按复位键重新启动。

（2）复位信号及其产生

RST 引脚是复位信号的输入端，复位信号是高电平有效，其有效时间应持续 24 个振荡脉冲周期（即 2 个机器周期）以上。若使用频率为 6MHz 的晶振，则复位信号持续时间应超过 4μs 才能完成复位操作。

（3）复位方式

复位操作有上电自动复位和按键手动复位两种方式，各种复位电路如图 1-34 所示。

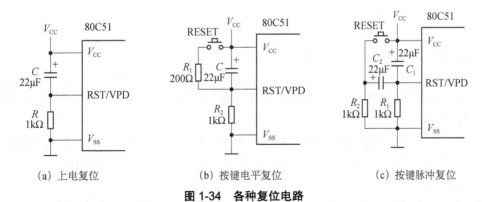

（a）上电复位　　　　　　（b）按键电平复位　　　　　　（c）按键脉冲复位

图 1-34　各种复位电路

9．AT89C51 的 I/O 口结构及功能

AT89C51 共有 4 个 8 位的并行 I/O 口，分别记作 P0，P1，P2，P3。每个口都包含一个

锁存器、一个输出驱动器和输入缓冲器。各口也属于专用寄存器，在 Keil 编译软件自带的头文件"reg51.h"中已经定义，在程序中可直接利用，不需要再定义，任务中的三个源程序都利用 P1、P2 口作为输出口输出数据。

AT89C51 单片机的 4 个 I/O 口都是 8 位双向口，在结构和特性上基本相同，但又各具特点。

（1）P0 口

P0 口的口线逻辑电路如图 1-35 所示。由图可见，电路中包含有一个数据输出锁存器和两个三态数据输入缓冲器。此外，还有数据输出的驱动和控制电路。

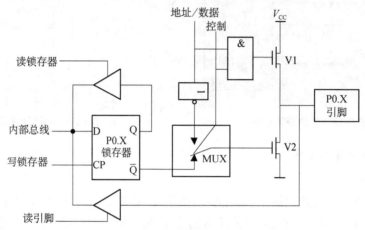

图 1-35　P0 口的口线逻辑电路

P0 口既可以作为通用的 I/O 口进行数据的输入/输出，也可以作为单片机系统的地址/数据线使用。

但要注意，当 P0 口进行一般的 I/O 输出时，由于输出电路是漏极开路电路，必须外接上拉电阻才能有高电平输出；当 P0 口进行一般的 I/O 输入时，必须先向电路中的锁存器写入"1"，使 FET 管 V2 截止，以避免锁存器为"0"状态时对引脚读入的干扰。

在实际应用中，P0 口绝大多数情况下都是作为单片机系统的地址/数据线使用，这要比作为一般 I/O 口应用简单。

（2）P1 口

P1 口的口线逻辑电路如图 1-36 所示。

因为 P1 口通常是作为通用 I/O 口使用的，所以在电路结构上与 P0 口有一些不同之处。首先，它不再需要多路转接电路 MUX；其次，电路的内部有上拉电阻，与场效应管共同组成输出驱动电路。

为此，P1 口作为输出口使用时，已能向外提供推拉电流负载，无须再外接上拉电阻。当 P1 口作为输入口使用时，同样也需先向其锁存器写入"1"，使输出驱动电路的 FET 截止。

（3）P2 口

P2 口的口线逻辑电路如图 1-37 所示。P2 口电路比 P1 口多一个多路转接电路 MUX，这正好与 P0 口一样。P2 口可以作为通用 I/O 口使用。这时，多路转接开关倒向锁存器 Q 端。但通常在应用情况下，P2 口是作为高位地址线使用的，此时多路转接开关应倒向相反方向。

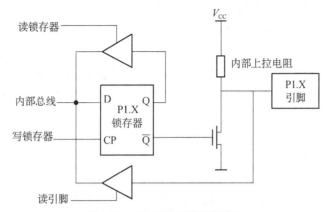

图 1-36　P1 口的口线逻辑电路

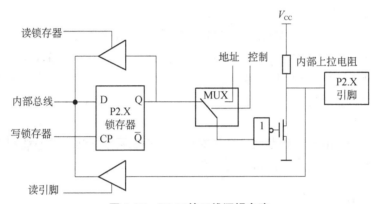

图 1-37　P2 口的口线逻辑电路

（4）P3 口

P3 口的口线逻辑电路如图 1-38 所示。

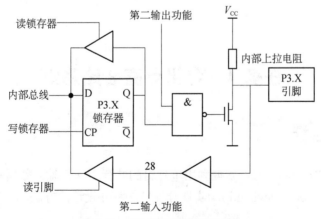

图 1-38　P3 口的口线逻辑电路

　　P3 口的特点在于为适应引脚信号第二功能的需要，增加了第二功能控制逻辑。由于第二功能信号有输入和输出两类，因此分两种情况说明。

对于第二功能为输出的信号引脚，作为 I/O 使用时，第二功能信号引线应保持高电平，与非门开通，以维持从锁存器到输出端数据输出通路的畅通。当输出第二功能信号时，该位的锁存器应置"1"，使与非门对第二功能信号的输出是畅通的，从而实现第二功能信号的输出。

对于第二功能为输入的信号引脚，在口线的输入通路上增加一个缓冲器，输入的第二功能信号就从这个缓冲器的输出端取得。而作为 I/O 使用的数据输入，仍取自三态缓冲器的输出端。不管是作为输入口使用还是第二功能信号输入，输出电路中的锁存器输出和第二功能输出信号线都应保持高电平。

1.3.5　问题讨论

① 怎样理解程序中 16 位二进制数除以 256，结果为原来 16 位二进制数的高八位。

要想正确理解，首先要知道一个 16 位的二进制数对应的十进制数按权展开求和的公式。以 0x55aa 为例说明：

$$（55aa）16=5*16^3+5*16^2+10*16^1+10*16^0$$

其次，要知道在 C 语言中，关于除法运算的特点，C 语言规定整数（整型或字符型）除以整数（整型或字符型）结果只能是整数（整型或字符型），余数丢弃，即结果只精确到整数位，这一点与普通数学的除法运算有区别。根据这一特点，0x55aa/256=0x55，结果就是 16 位被除数的高八位。

② 一个给定的 16 位二进制数，如果对应的十进制数≤9999，能不能利用除法和求余运算得到它的千位、百位、十位和个位数字？

1.3.6　任务拓展

利用除法和求余运算，求取一个 8 位二进制数（假设对应的十进制数≤99）的十位和个位数字，分别通过 P1 口和 P2 口的低 4 位外接的发光二极管显示结果，观察结果是否和计算的结果一样？

任务4　变化点亮 8 路彩灯

1.4.1　任务目标

通过本任务的学习和完成，掌握利用单片机的并行 I/O 口输入数据和输出数据的编程方法；学习利用 if~else、switch 语句实现分支结构程序设计的方法。

1.4.2　任务描述

本任务是利用 P2 口外接一个 8 位的组合开关，当 P2 口某一位外接的开关处于"ON"

位置时，该位管脚状态为低电平，外接的开关处于"OFF"位置时，该位引脚状态为高电平。根据 CPU 读取 P2 口状态时获得的 8 位二进制数作为条件，决定 P1 口输出不同的数据。仿真硬件电路如图 1-39 所示。

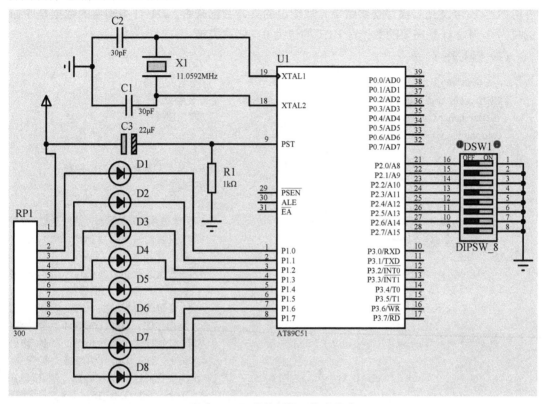

图 1-39 开关控制显示仿真电路

1.4.3 任务实施

1．利用 Proteus 仿真软件绘制电路原理图

利用 Proteus 仿真软件绘制电路原理图 1-39，绘制原理图时添加的元件见表 1-5。

表 1-5 元件列表

元件编号	元件参考名	元件参数值
C1	CAP	30pF
C2	CAP	30pF
C3	CAP-ELEC	22μF
X1	CRYSTAL	11.0592MHz
D1～D8	LED-RED	
R1	RES	1kΩ
RP1	RESPARK-8	300Ω
U1	AT89C51	
DSW1	DIPSW-8	

2．C51 应用程序的编译

在这里，要编写 C51 程序，首先读取 P2 口的开关组合状态，然后根据读取的 8 位二进制数据，利用 if~else、switch 控制语句实现将一个不同的 8 位无符号数通过 P1 口输出，并能通过 8 个发光二极管观察结果。从输出的具体数据来看，D1 灯亮需要的数据是 P1.0 的位为 0，D2 灯亮需要的数据是 P1.1 的位为 0，依次类推。

（1）源程序 1

```
#include "reg51.h"                              //包含头文件
#define uint unsigned int                       //宏定义
#define uchar unsigned char                     //宏定义
void main（void）
{
  uchar i;                                      //定义 i 为无符号字符型变量
  while（1）                                     //无限循环
    {
      i=P2;                                     //将 P2 口外接开关状态读进来送给 i 变量
    if（i==0xff）P1=~i;                          //判 i 变量的值如果为 0xff，则 P1 输出
                                                  00，二极管全亮
      else if（i==0xfe）P1=0xfe;                 //判 i 变量的值如果为 0xfe，则 P1 输出
                                                  0xfe，只有 D1 二极管亮
          else if（i==0xf0）P1=0xf0;             //判 i 变量的值如果为 0xf0，则 P1 输出
                                                  0xf0，D1，D2，D3，D4 二极管亮
              else if（i==0x0f）P1=0x0f;         //判 i 变量的值如果为 0x0f，则 P1 输出
                                                  0x0f，D5，D6，D7，D8 二极管亮
                  else if（i==0x55）P1=0x55;     //判 i 变量的值如果为 0x55，则 P1 输出
                                                  0x55，D2，D4，D6，D8 二极管亮
                      else if（i==0xaa）P1=0xaa; //判 i 变量的值如果为 0xaa，则 P1 输出
                                                  0xaa，D1，D3，D4，D5 二极管亮
                          else P1=0xff;         //否则，全不亮
    }
}
```

（2）源程序 2

```
#include "reg51.h"                 //包含头文件
#define uint unsigned int          //宏定义
#define uchar unsigned char        //宏定义
void main（void）
{
  uchar i;                         //定义 i 为无符号字符型变量
  while（1）                        //无限循环
    {
     i=P2;                         //将 P2 口外接开关状态读进来送给 i 变量
     switch（i）
        {case 0xff: P1=~i;         //判 i 变量的值如果为 0xff，则 P1 输出 00，二极管全亮
                 break;
         case 0xfe: P1=0xfe;       //判 i 变量的值如果为 0xfe，则 P1 输出 0xfe，只有 D1 二极管亮
                 break;
```

```
        case 0xf0: P1=0xf0;          //判 i 变量的值如果为 0xf0，则 P1 输出 0xf0，D1，D2，D3，
                                     D4 二极管亮
                break;
        case 0x0f: P1=0x0f;          //判 i 变量的值如果为 0x0f，则 P1 输出 0x0f，D5，D6，D7，
                                     D8 二极管亮
                break;
        case 0x55: P1=0x55;          //判 i 变量的值如果为 0x55，则 P1 输出 0x55，D2，D4，D6，
                                     D8 二极管亮
                break;
        case 0xaa: P1=0xaa;          //判 i 变量的值如果为 0xaa，则 P1 输出 0xaa，D1，D3，D4，
                                     D5 二极管亮
                break;
        default:   P1=0xff;          //否则，全不亮
        }
    }
}
```

3．执行程序观察效果

将编译成功后的.HEX 文件分别加载到 CPU 并执行程序，用鼠标操作 DSW1 开关，使 CPU 读取的 P2 口开关量数据分别为 0xff，0xfe，0xf0，0x0f，0x55，0xaa 及其他值，观察效果。

1.4.4 相关知识

1．C51 程序的选择结构程序设计

在结构化的程序设计中，程序由三种基本结构组成。它们分别是顺序结构、选择结构和循环结构。已经证明，由三种基本结构组成的算法结构可以解决任何复杂的问题。由三种基本结构组成的程序称为结构化程序。

顺序结构流程图如图 1-40 所示。由图中不难看出，程序执行时，先执行语句 1，再执行语句 2，两者是顺序执行的关系。在前面介绍的源程序中，赋值语句都可以实现该结构。

选择结构流程图如图 1-41 所示。当判断表达式 P 为真时，执行语句 1，否则执行语句 2。尤其要注意的是，语句 1 和语句 2 在程序的执行中只有一个被执行。

循环结构将在任务 5 中介绍。

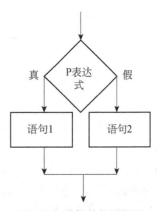

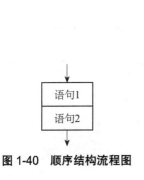

图 1-40 顺序结构流程图   图 1-41 选择结构流程图

2．C51 程序中的 if 语句的三种形式

C 语言提供三种形式的 if 语句，分述如下。

（1）if（表达式） 语句

例如：if（a>b）{ t=a；a=b；b=t；}

（2）if（表达式） 语句1；

Else 语句2；

例如：if（i==0xaa）P1=0xaa；

else P1=0xff；

（3）if（表达式1） 语句1；

else if（表达式2） 语句2；

else if（表达式3） 语句3；

…

else if（表达式m） 语句m；

else 语句n；

源程序中采用了这种形式。它实际上是一种嵌套的 if 形式，用于多分支结构程序设计。

3．关系运算符和关系表达式

关系运算是一种简单的逻辑运算，关系运算符中的"关系"二字指的是一个值与另一个值之间的关系。

（1）关系运算符及优先级

关系运算符就是关系比较符，C 语言共有 6 种关系运算符，见表1-6。

表 1-6　关系运算符

关系运算符	作　用	结　合　性
<	小于	
<=	小于等于	
>	大于	左结合性
>=	大于等于	
==	等于	
！=	不等于	左结合性

注意：

① 关系运算符共分两级，其中<，<=，>，>=的优先级相同，且高于==和！=（二者优先级相同）。

② 关系运算符的优先级低于算术运算符，高于赋值运算符。

例如：

a+b>c 等价于 （a+b）>c

a<b==c 等价于 （a<b）==c

a>b！=c 等价于 （a>b）！=c

a＝b＞＝c　　　　等价于　　a＝（b＞＝c）

a-8＜＝b＝＝c　　　等价于　　（（a-8）＜＝b）＝＝c

（2）关系表达式

关系表达式是由关系运算符和括号将两个表达式连接起来的一个有值的式子。关系运算符两边的表达式可以是算术表达式、变量、常数、数组元素、函数，表达式的值只能同时是算术量或同时是字符。关系表达式的值是一个逻辑量，只能是"TRUE"和"FALSE"二者之一，习惯用"1"和"0"来表示。例如，程序中"i==0xff"就是一个关系表达式，看 i 的值是否是 0xff，i 的值如果是 0xff，则关系表达式的值为"1"，反之为"0"。

4．逻辑运算符和逻辑表达式

逻辑运算就是将关系表达式用逻辑运算符连接起来，并对其求值的一个运算过程。

（1）逻辑运算符及优先级

C51 语言提供三种逻辑运算符，分别是&&（逻辑与），||（逻辑或）和!（逻辑非）。逻辑与和逻辑或是双目运算符，要求有两个运算量，如（A>B）&&（X>Y）。逻辑非是单目运算符，只要求有一个运算量，如 !（A>B）。

逻辑运算符及其他运算符之间的优先级见表 1-7。

表 1-7　逻辑运算符及其他运算符之间的优先级

运算符	优先级
!（逻辑非）	（高）
算术运算符	
关系运算符	
&& 和 ||	
赋值运算符	（低）

逻辑与相当于生活中说的"并且"，就是两个条件都成立的情况下逻辑与的运算结果才为"真"。例如，"明天又下雨并且又刮风"这是一个预言，到底预言的对不对呢？如果明天只下了雨，或者只刮了风，或者干脆就是大晴天，那么这个预言就错，或者说是假的；只有明天确实是又下雨并且又刮风，这个预言才是对的，或者是真的。

逻辑或相当于生活中的"或者"，当两个条件中有任一个条件满足，逻辑或的运算结果就为"真"。例如，"明天不是刮风就是下雨"，这也是一个预言。如果明天下了雨，或者明天刮了风，或者明天又下雨又刮风，那么这个预言是对的。只有明天又不刮风又不下雨，这个预言才是错的。

逻辑非相当于生活中的"不"，当一个条件为真时，逻辑非的运算结果为"假"。

表 1-8 为逻辑运算真值表，它表示当条件 A 是否成立与条件 B 是否成立形成不同的组合时，各种逻辑运算所得到的值。A、B 的值为"0"，表示条件不成立；为"1"表示条件成立。

表 1-8　逻辑运算真值表

A	B	! A	! B	A&&B	A‖B
0	0	1	1	0	0
0	1	1	0	0	1
1	0	0	1	0	1

（2）逻辑表达式

用逻辑运算符连接若干个表达式组成的式子叫作逻辑表达式。逻辑表达式的值为一个逻辑值"1"或"0"。逻辑运算符不仅可以连接关系表达式，还可以连接常量、变量、算术表达式、赋值表达式甚至逻辑表达式本身。如果一个表达式太复杂，可以通过括号来保证运算次序。

例如，a<b‖c= =d　　　　等价于（a<b）‖（c= =d）

又如，x<10&&x+y! =20　　等价于（x<10）&&（(x+y)! =20）

注意：C51 程序中规定任意一个非零整数的逻辑值为"1"，而常数 0 的逻辑值为"0"。例如：

① "5&&0"的逻辑值为"0"；

② "5‖0"的逻辑值为"1"；

③ "! 20"的逻辑值为"0"。

想一想，为什么？

5．C51 程序中的 switch 控制语句

switch 语句是多分支选择语句，用来实现多分支选择结构。if 语句只有两个分支可供选择，而实际问题中常常需要多分支的选择。

（1）switch 语句的形式

```
switch（表达式）
{   case        常量表达式 1：语句 1；
    case        常量表达式 2：语句 2；
                    ⋮
    case        常量表达式 n：语句 n；
    default：              语句 n＋1；
}
```

说明：

① switch 是关键字，switch 语句后面用花括号括起来的部分是语句体。

② 紧跟在 switch 后一对花括号内的表达式可以是整型表达式，也可以是字符型和枚举型的表达式等。表达式两侧的括号不可以省略。

③ case 也是关键字，与其后面的常量表达式合称 case 语句标号。常量表达式的类型必须与 switch 语句后的表达式一致。各 case 语句后的常量应互不相同。

④ default 也是关键字，起标号的作用，代表所有 case 标号以外的标号。default 标号可以出现在语句体的任何位置，在 switch 语句中也可以没有 default 标号。

⑤ case 语句标号后的语句 1、语句 2，可以是一条语句也可以是若干条语句，也可以省略不写。

⑥ 在关键字 case 和常量表达式之间一定要有空格。

⑦ switch 语句的执行如下：首先计算紧跟在其后括号内的表达式的值，然后在 switch 语句体中找与该值吻合的 case 的标号；如果有，则执行该标号后开始的各语句，包括在其后的所有 case 和 default 中的语句，直到 switch 语句的结束；如果没有与该值相吻合的标号，并且存在 default 语句，则从 default 标号后的语句开始执行，直到 switch 语句结束；如果没有与该值吻合的标号，并且没有 default 标号，则跳过该 switch 语句体，什么也不做。

（2）switch 语句中 break 语句

break 语句又称间断语句，可使程序跳出 switch 语句而执行 switch 以后的语句。根据上面关于 switch 语句执行过程的说明，我们知道，switch 语句并没有真正实现多分支选择的流程，这就需要在 switch 语句中使用 break 语句。可以在 case 标号之后的语句最后加上 break 语句，每当执行到 break 语句，立即跳出 switch 语句体，从而使 switch 语句真正起到多分支的作用。

程序中实际上利用变量 i 的值即 P2 口外接的组合开关的状态来控制单片机执行哪一条 case 语句后的语句，从而实现 P1 口输出不同数据，最后执行 break 语句跳出 switch 语句，实现多分支结构程序设计。用 switch 语句实现多分支程序在逻辑上要比用嵌套的 if 语句实现更清晰一些。

6．C51 程序中的位逻辑运算符

C51 语言和其他高级语言不同的是它完全支持按位逻辑运算符。这与汇编语言的位操作有些相似。按位逻辑运算符见表 1-9。

表 1-9　按位逻辑运算符

操作符	含　义
&	位逻辑与
|	位逻辑或
∧	位逻辑异或
~	位逻辑反
>>	右移
<<	左移

按位运算是对字节或字中的实际位进行检测、设置或移位，它只适用于字符型和整数型变量及它们的变体，对其他数据类型不适用。

关系运算和逻辑运算表达式的结果只能是"1"或"0"。而按位运算的结果可以取"0"或"1"以外的值。要注意区别按位运算符和逻辑运算符的不同。

下面详细说明每个运算符的功能。

（1）按位逻辑与（&）

按位与运算符"&"是双目运算符，其功能是参与运算的两数各对应的二进制位相与。

只有对应的两个二进制位均为"1"时，结果位才为"1"，否则为"0"。参与运算的数以补码方式出现。

例如，9&5 可写成算式如下：

00001001（9 的二进制补码）

00000101（5 的二进制补码）（按位与 &）

00000001（1 的二进制补码）

可见，9&5=1。

（2）按位逻辑或（|）

按位或运算符"|"是双目运算符，其功能是参与运算的两数各对应的二进制位相或。只要对应的两个二进制位有一个为"1"，结果位就为 1。参与运算的两个数均以补码出现。

例如，9|5 可写成算式如下：

00001001

00000101（按位或|）

00001101（十进制为 13）

可见，9|5=13。

（3）按位逻辑异或（^）

按位异或运算符"^"是双目运算符，其功能是参与运算的两数各对应的二进制位相异或。当两个对应的二进位相异时，结果为"1"。参与运算的数仍以补码出现。

例如，9^5 可写成算式如下：

00001001

00000101（按位异或 ^）

00001100（十进制为 12）

（4）求反运算符（~）

求反运算符"~"为单目运算符，具有右结合性。其功能是对参与运算的数的各二进制位按位求反。

例如，~9 的运算为：

~（0000000000001001）

结果为：1111111111110110

程序中，变量 i 被定义为无符号字符型，在内存中占一个字节空间，如果 i 的值为 0xff，即 8 位二进制数为 11111111，则按位取反后为 00000000，然后通过 P1 口输出，所以外接的所有二极管都亮。

（5）移位运算符

移位运算符">>"和"<<"是指将变量中的每一位向右或向左移动，其通常形式为：

① 右移：变量名>>移位的位数

② 左移：变量名<<移位的位数

经过移位后，一端的位被"挤掉"，而另一端空出的位以"0"填补。所以，C51 语言中的移位不是循环移动的。

例如，设 a=15，a>>2 表示把 000001111 右移 2 位，结果为 00000011（十进制 3）。

又如，a<<4 指把 a 的各二进制位向左移动 4 位。如 a=00000011（十进制 3），左移 4 位后为 00110000（十进制 48）。

应该说明的是，对于有符号数，在右移时，符号位将随同移动。当为正数时，最高位补 0，而为负数时，符号位为 1，最高位是补 0 或是补 1，取决于编译系统的规定。Turbo C 和很多系统规定为补 1。

7．计算机中带符号数的表示形式

计算机中的数都是以二进制数来表示和存储的，计算机中数的表示形式有 3 种，即所谓的原码、反码、补码。对带符号数而言，数的最高位为符号位。如果符号位为"0"，表示该数为正数；如果符号位为"1"，表示该数为负数，并且一般用补码来表示带符号数。下面以一个数的三种表示形式来阐述原码、反码、补码的概念。

（1）+30 的原码、反码、补码

+30 的原码就是将正数转化为 8 位二进制数，转换结果为 00011110，画线部分为符号位。对于一个正数而言，它的原码、反码、补码是一样的。

（2）−30 的原码、反码、补码

① 先求−30 的绝对值数的原码：00011110。

② 将符号位改为"1"变成 10011110，即为−30 的原码。

③ 符号位不变，其他位取反，变成 11100001，即为−30 的反码。

④ 在最低位加 1，符号位为"1"不变，变成 11100010，即为−30 的补码。

注意：−30 在计算机存储器里是以 8 位二进制数 11100010 存放的。

8．AT89C51 的 P2 口外接组合开关电路介绍

电路图中 DIPSW-8 为一个组合开关，里面包含 8 路独立单个开关。单个开关电路工作原理图如图 1-42 所示。

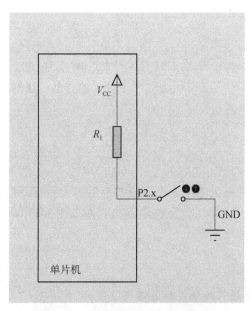

图 1-42　单个开关电路工作原理图

由图可知，在开关断开时，由于端口引脚上拉电阻的存在，使得引脚电平为高电平；在开关合上时，由于开关的另一端接地，使得引脚电平为低电平。

1.4.5　问题讨论

① 源程序1中if语句的表达式是关系表达式，在使用if句时，表达式还可以是其他表达式吗？

提示：可以。if语句中的表达式用得最多的是关系表达式，也可以是逻辑表达式。如果表达式是常量表达式或数学表达式（值必须是整数），语法上也可以，但逻辑上一般有问题。

② 源程序2用switch语句完成和源程序1一样的功能，如果每一条case分支后面没有break语句，程序的执行流程就发生很大的变化。缺少break语句，能否分析出程序的执行流程？

③ 位逻辑运算一般用来对变量的某位或某几位进行操作，能否用位逻辑运算直接对I/O口的某位进行操作？

1.4.6　任务拓展

① 使用if语句的第一种形式编写程序，实现任务的功能。

② 使用位逻辑运算语句改造源程序2，实现任务的功能，观察结果是否与源程序2一致。

任务5　跑马彩灯

1.5.1　任务目标

通过本任务的学习、完成，掌握C51语言中的三种循环控制语句、自增和自减运算符；掌握利用C51循环控制语句实现循环结构程序设计的方法；了解利用软件实现延时的程序设计思想和方法。

1.5.2　任务描述

利用单片机的P1口控制外接的8个发光二极管自上而下或自下而上依次点亮，每个二极管显示状态持续时间为0.5秒。其硬件电路仿真图如图1-43所示。

1.5.3　任务实施

1．利用 Proteus 仿真软件绘制电路原理图

利用 Proteus 仿真软件绘制电路原理图1-43，绘制原理图时添加的元件见表1-10。

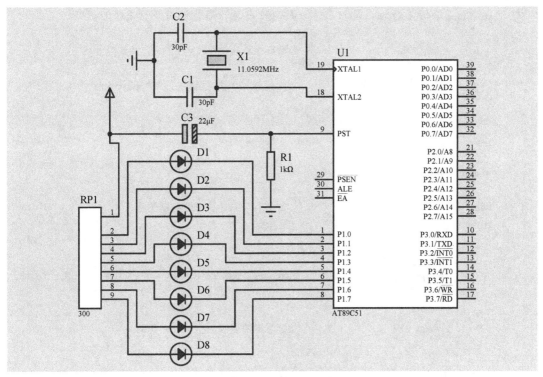

图 1-43 硬件电路仿真图

表 1-10 元件列表

元件编号	元件参考名	元件参数值
C1	CAP	30pF
C2	CAP	30pF
C3	CAP-ELEC	22μF
X1	CRYSTAL	11.0592MHz
D1~D8	LED-RED	
R1	RES	1kΩ
RP1	RESPARK-8	300Ω
U1	AT89C51	

2．C51 应用程序的编译

在这里，为观察效果，要编写一个延时 0.5 秒的程序，使每一次显示状态持续 0.5 秒，用循环控制语句构成循环结构程序，依次自上而下循环点亮 8 个发光二极管，实现跑马灯的效果。

```
#include "reg51.h"                //包含头文件
#define uchar unsigned char       //宏定义
void delay（void）
{
    uchar i，j，k;
```

```
      for（i=5；i>0；i--)              //外循环5次，每次约0.1s，共延时0.5s
      {
        for（j=200；j>0；j--)          //循环200次，每次约0.5ms，共延时0.1s
        {
          for（k=250；k>0；k--)        //内循环250次，延时约250*2μs=0.5ms
              {；}
        }
      }
    }
    void main（void)
    {
      uchar i, j;                     //定义i，j为无符号字符型变量
      while（1)                        //无限循环
        {
          j=0xfe;
          for（i=0；i<8；i++)            //for循环，完成8次循环
          {
            P1=j;
            delay（）;                   //延时函数调用，实现0.5s延时
            j=j<<1;
          }
          P1=0xff;                    //所有灯熄灭
          delay（）;
        }
    }
```

3．执行程序观察效果

将编译成功后的.HEX 文件加载到 CPU，执行程序并观察显示效果。

1.5.4 相关知识

1．C51 程序的循环结构程序设计

循环结构是程序中一种很重要的结构，其特点是：在给定条件成立时，反复执行某程序段，直到条件不成立为止。给定的条件称为循环条件，反复执行的程序段称为循环体。C51 语言提供了多种循环语句，可以组成各种不同形式的循环结构。C51 语言中常用的循环结构语句有 while 语句、do-while 语句和 for 语句。

（1）while 语句

① while 语句的语法。

while 语句的一般形式为

while（表达式）循环体语句；

其中，"表达式"是循环条件，"循环体语句"为循环体。

while 语句的执行过程是：首先计算表达式的值，当值为"真（非 0）"时，执行循环体语句；当表达式的值为"假"时，结束循环。其执行过程如图 1-44 所示。

② 使用 while 语句应注意的问题。

● 循环体语句必须是一个语句。如果循环体语句是由多个语句组成的，必须将其用花括号括起来，形成一个复合语句。

● 在循环体语句中必须要有使循环趋于结束的条件语句。

例如：

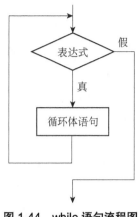

```
i=1；
sum=0；
while（i<=100）
  {sum=sum+2；
  }
```

图 1-44　while 语句流程图

此程序段中，i 的值不变，一直为 1，即循环体中缺乏使循环结构趋于结束的条件，因此将无休止地执行下去，形成一个死循环。

源程序中的 while 循环为无限次循环，使发光二极管能无限次地被循环点亮。

● while 语句是先判断后执行，因此循环体语句有可能一次也得不到执行。例如：

```
i=10；
sum=0；
while（i<5）
  {sum=sum+2；i++；}
```

因为 i 的初始值为 10，循环条件不成立，此程序段中的循环体一次也得不到执行。

（2）do-while 语句

① do-while 语句的语法。

do-while 语句的一般形式是：

```
do
{循环体语句；}while（表达式）；
```

它的执行过程是：先执行一次循环体语句，然后判断表达式的值。当表达式的值为非 0 时，重新执行循环体语句。如此反复，直到表达式的值等于 0 为止。

其流程图如图 1-45 所示。

② 使用 do-while 应注意的问题。

● 与 while 语句类似，如果循环体语句由多个语句构成，要用花括号括起来，构成一个复合语句。

● 在循环体内，同样要有使循环趋于结束的条件语句。

● 由于 do-while 语句的特点是先执行后判断，因此循环体语句至少要被执行一次，这是与 while 语句不同的。

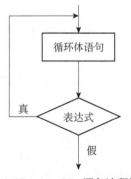

图 1-45　do-while 语句流程图

例如：

```
i=10；
sum=0；
```

```
do
  {sum=sum+2;
   i++
  }
while（i<5）；
```

虽然程序段一开始 i 的值就不满足条件 i<5，但循环体还是要被执行一次。大家需要特别注意。

（3）for 语句

① for 语句的语法。

for 语句的一般形式为

for（表达式 1；表达式 2；表达式 3）循环体语句

for 语句的执行过程如图 1-46 所示。

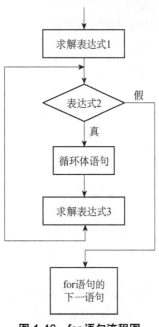

图 1-46　for 语句流程图

它的执行过程如下。

第 1 步：先求解表达式 1。

第 2 步：求解表达式 2。若其值为 "0"，则结束循环；若其值为 "非 0"，则执行第 3 步。

第 3 步：执行循环体语句。

第 4 步：求解表达式 3。

第 5 步：转到第 2 步去执行。

第 6 步：循环结束，执行 for 语句的下一个语句。

for 循环常用来完成循环次数已知的循环结构程序设计。

② 使用 for 语句应注意的问题。

● for 循环中的 "表达式 1（循环变量赋初值）" "表达式 2（循环条件）" 和 "表达式 3（循环变量增量）" 都是选择项，即可以缺省，但 ";" 不能缺省。

● 省略了 "表达式 1（循环变量赋初值）"，表示不对循环控制变量赋初值。

● 省略了 "表达式 2（循环条件）"，如果在循环体语句中不做其他处理时便成为死循环。

● 省略了 "表达式 3（循环变量增量）"，则不对循环控制变量进行操作，这时可在语句体中加入修改循环控制变量的语句。例如：

```
for（i=1；i<=10；）
  {sum=sum+i;
   i++;
  }
```

● 省略了 "表达式 1（循环变量赋初值）" 和 "表达式 3（循环变量增量）"，只有 "表达式 2"，即只给循环条件。例如：

```
for（；i<=100；）
```

```
{sum=sum+i;
 i++;
 }
```

相当于：

```
while（i<=100）
 {sum=sum+i;
  i++;
  }
```

在这种条件下，完全等同于 while 语句。可见，for 语句比 while 语句功能强，除可以给出循环条件外，还可以赋初值，使循环变量自动增值。

● 三个表达式都可以省略。例如：

```
for（；；）语句
```

相当于：

```
while（1）语句
```

即不设初值，不判断条件（认为"表达式 2"为真值），循环变量不增值，无终止执行循环体。

● "表达式 2"一般是关系表达式或逻辑表达式，也可以是数值表达式或字符表达式，只要其值非零，就执行循环体。

2．C51 程序中的自增自减运算符

（1）自增运算符

自增 1 运算符记为"++"，其功能是使变量的值自增 1。自增 1 运算符为单目运算，具有右结合性。可有以下两种形式。

① ++i：i 自增 1 后再参与其他运算。

② i++：i 参与运算后，i 的值再自增 1。

例如，已知"int i=2，j，k；"，若连续执行"j=i++，k=++i；"，得到 j 和 k 的值分别是 2 和 4。

（2）自减运算符

自减 1 运算符记为"－－"，其功能是使变量值自减 1。自减 1 运算符为单目运算符，具有右结合性。可有以下两种形式。

① －－i：i 自减 1 后再参与其他运算。

② i－－：i 参与运算后，i 的值再自减 1。

例如，已知"int i=2，j，k；"，若连续执行"j=i－－，k=－－i；"，得到 j 和 k 的值分别是 2 和 0。

在理解和使用上容易出错的是 i++和 i－－。特别是当它们出在较复杂的表达式或语句中时，常常难于弄清，因此应仔细分析。

1.5.5　问题讨论

① while 语句和 do-while 语句在循环结构的程序设计中，能完全相互替换吗？

② for 语句实现的循环结构程序执行流程比较复杂，根据 for 语句中各表达式的功能和

执行流程，在不改变逻辑功能的情况下，能适当改造用 for 语句实现的循环结构程序吗？

1.5.6　任务拓展

① 分别用 while 语句和 do-while 语句完成任务源程序的主函数，观察结果。

② 分别用 for 语句、while 语句和 do-while 语句实现跑马灯，要求二极管显示效果为从下往上依次点亮。

任务 6　流水彩灯

1.6.1　任务目标

通过本任务的学习和完成，掌握 C51 程序中函数的概念和定义；掌握函数的调用方法。

1.6.2　任务描述

本任务是用单片机的 P1 口控制外接的 8 个发光二极管，将 8 只 LED 分为两组，即 D1，D3，D5，D7 为一组，D2，D4，D6，D8 为一组，使两组 LED 分别被点亮，其中两组 LED 显示时间间隔为 0.4 秒。其硬件电路仿真图如图 1-47 所示。

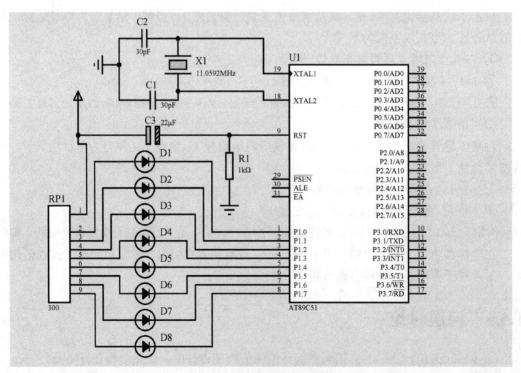

图 1-47　硬件电路仿真图

1.6.3 任务实施

1．利用 Proteus 仿真软件绘制电路原理图

按照 Proteus 仿真软件绘制电路原理图 1-47，绘制原理图时添加的元件见表 1-11。

表 1-11 元件列表

元件编号	元件参考名	元件参数值
C1	CAP	30pF
C2	CAP	30pF
C3	CAP-ELEC	22μF
X1	CRYSTAL	11.0592MHz
D1～D8	LED-RED	
R1	RES	1kΩ
RP1	RESPARK-8	300Ω
U1	AT89C51	

2．C51 应用程序的编译

```
#include "reg51.h"              //包含头文件
#define uchar unsigned char     //宏定义
void delay（void）
{
    uchar i, j, k;
    for（i=5; i>0; i--）         //外循环 5 次，每次约 0.08s，共延时 0.4s
    {
      for（j=200; j>0; j--）     //循环 200 次，每次约 0.4ms，共延时 0.08s
        {
          for（k=200; k>0; k--）  //内循环 200 次，延时约 200*2μs=0.4ms
            {; }
        }
    }
}
void main（void）
{
   while（1）                    //无限循环
    {
      P1=0x55;
      delay（）;                 //延时函数调用，实现 0.4s 延时
      P1=0xaa;
      delay（）;
    }
}
```

3．执行程序观察效果

将编译成功后的.HEX 文件加载到 CPU，执行程序并观察二极管的显示效果。

1.6.4 相关知识

1．C51 程序中的函数概念

高级语言中"函数"的概念和数学中"函数"的概念不完全相同。在英语中，"函数"与"功能"是同一个单词，即 function。高级语言中的"函数"实际上是"功能"的意思。当需要完成某一个功能时，就用一个函数去实现它。在进行程序设计时，我们先集中考虑 main（）函数中的算法。当 main（）函数中需要使用某一个功能时，我们就先写上一个调用具有该功能的函数的表达式。这时的函数相当于一个黑盒子，我们只需知道它具有什么功能，如何与程序通信（输入什么，返回什么），别的东西先不去处理。如同设计一部机器一样，当需要在某处使用一个部件时，先把它画上，并标明其功能及安装方法，至于如何制造，先不用考虑，因为也许它可以直接购买。设计完 main（）函数的算法并检验无误后，我们开始考虑它所调用的函数。在这些被调用的函数中，若在库函数中可以找到（像制造机器时，库房中已有的零部件），那就直接使用，否则再动手设计这些函数。这样设计的程序从逻辑关系上就形成如图 1-48 所示的层次结构。这个层次结构的形成是自顶向下的，这种方法称为自顶向下、逐步细化程序设计方法。这种方法允许人在进行设计时，每个阶段都能集中精力解决只属于当前模块的算法，暂不考虑与之无关的细节，从而能保证每个阶段所考虑的问题都是易于解决的，设计出来的程序成功率高，而且程序层次分明、结构清晰。

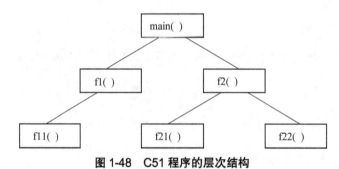

图 1-48　C51 程序的层次结构

C51 语言中的函数相当于其他高级语言的子程序。C51 语言不仅提供极为丰富的库函数（如 Turbo C，MS C 都提供了三百多个库函数），还允许用户建立自己定义的函数。用户可把自己的算法编成一个个相对独立的函数模块，然后用调用的方法来使用函数。

2．C51 程序中的函数分类

（1）从函数定义的角度看，函数可分为库函数和用户定义函数两种

① 库函数。

由 C51 系统提供，用户无须定义，也不必在程序中做类型说明，只需在程序前注明包含有该函数原型的头文件，便可在程序中直接调用。例如，源程序中

```
#include "reg51.h"
```

② 用户定义函数。

由用户按需要编写的函数。对于用户自定义函数，要在程序中定义函数本身。如源程

序中的 delay（）延时函数。

（2）从函数有无返回值角度看，又可把函数分为有返回值函数和无返回值函数两种

① 有返回值函数。

此类函数被调用执行完后，将向调用者返回一个执行结果，称为函数返回值。如数学函数属于此类函数。由用户定义的这种要返回函数值的函数，必须在函数定义和函数说明中明确返回值的类型。

② 无返回值函数。

此类函数仅仅用于完成某项特定的处理任务，执行完成后不向调用者返回函数值。这类函数类似于其他语言的过程，如源程序中的 delay（）延时函数。由于函数无须返回值，用户在定义此类函数时可指定它的返回类型为"空类型"。空类型的说明符为"void"。

（3）从主调函数和被调函数之间数据传送的角度看，可分为无参函数和有参函数两种

① 无参函数。

在无参函数中，函数定义、函数说明及函数调用中均不带参数。主调函数和被调函数之间不进行参数传送。源程序中的 delay（）延时函数也属于无参函数。

② 有参函数。

也称为带参函数，在函数定义及函数说明时都有参数。在调用函数时，主调函数和被调函数之间有数据传递。也就是说，主调函数可以将数据传给被调函数使用，被调函数中的数据也可以带回来供主调函数使用。

还应该指出的是，在 C51 语言中，所有的函数定义，包括主函数 main 在内，都是平行的。也就是说，在一个函数的函数体内，不能再定义另一个函数，即不能嵌套定义。但是函数之间允许相互调用，也允许嵌套调用。习惯上把调用者称为主调函数。函数还可以自己调用自己，称为递归调用。main 函数是主函数，它可以调用其他函数，而不允许被其他函数调用。因此，C51 程序的执行总是从 main 函数开始，完成对其他函数的调用后再返回到 main 函数，最后由 main 函数结束整个程序。一个 C51 源程序必须有，也只能有一个主函数 main。

3．C51 程序中的函数定义及返回值

（1）无参函数的定义形式

```
类型说明符  函数名（）
  {
    类型说明；
    语句；
  }
```

其中，"类型说明符"和"函数名"称为函数头。"类型说明符"指明本函数的类型。函数的类型实际上是函数返回值的类型。"函数名"要求符合标志符的定义规则。"函数名"后有一个空括号，其中无参数，但括号不可少。"{ }"中的内容称为函数体。函数体由两部分组成，其一是类型说明，即声明部分，是对函数体内部所用到的变量的类型说明；其二是语句，即执行部分。在很多情况下都不要求无参函数有返回值，此时函数类型符可以写为"void"。

（2）有参函数定义的一般形式

类型说明符 函数名（形式参数表列）

```
形式参数类型说明；
{
        类型说明；
  语句；
}
```

有参函数比无参函数多了两个内容，其一是形式参数表，其二是形式参数类型说明。在形参表中给出的参数称为形式参数，它们可以是各种类型的变量，各参数之间用逗号间隔。在进行函数调用时，主调函数将赋予这些形式参数实际的值。形参既然是变量，当然必须给以类型说明。例如，定义一个函数，用于求两个数中的大数，可写为

```
int max（a，b）          //max 函数为整型函数，有两个形式参数为a，b
int a，b；               //形式参数类型说明
{
    if（a>b）return a；
    else return b；
}
```

其中，程序中 return 语句为返回值语句。

（3）函数的返回值

C51 语言可以从被调用函数返回值给主调用函数（这与数学函数相当类似）。函数的返回值是通过 return 语句获得的。使用 return 语句能够返回一个值或不返回值（此时函数类型是 void）。

return 语句的格式：

```
return（表达式）；
```

说明：

① return 语句后面的括弧也可以不要。例如，"return a；"等价于"return（a）；"。

② return 后面的值可以是一般的变量、常量，也可以是表达式。

③ 一个函数中可以有一个以上的 return 语句，执行到哪个语句，哪个语句起作用；并且要求每个 return 后面的表达式的类型应相同。如以下形式：

```
int max（int a，int b）
{
  if（a>b）return a+b；
  else return a-b；
}
```

④ 函数的类型就是返回值的类型。return 语句中表达式的类型应该与函数类型一致。如果不一致，以函数类型为准。对数值型数据，可以自动进行类型转换，即函数类型决定返回值的类型。

4．C51 程序中的函数调用

（1）函数调用形式

函数调用的一般形式前面已经说过，在程序中是通过对函数的调用来执行函数体的，其过程与其他语言的子程序调用相似。C 语言中，函数调用的一般形式为

函数名（实际参数表）；

对无参函数调用时则无实际参数表。实际参数表中的参数可以是常量、变量或其他构造类型数据及表达式。各实参之间用逗号分隔。

（2）函数的调用方式

在 C 语言中，按照函数在程序中出现的位置来分，有以下三种函数调用方式。

① 函数表达式。

函数作为表达式中的一项出现在表达式中，以函数返回值参与表达式的运算。这种方式要求函数是有返回值的。例如，z=max（x，y）是一个赋值表达式，把 max 的返回值赋予变量 z。

② 函数语句。

函数调用的一般形式加上分号即构成函数语句。例如，源程序中

delay（）；

就是以函数语句的方式调用函数。这时，不要求函数有返回值，只要求函数完成一定的操作。

③ 函数实参。

函数作为另一个函数调用的实际参数出现。这种情况是把该函数的返回值作为实参进行传送，因此要求该函数必须是有返回值的。

1.6.5　问题讨论

① 程序中的 delay（）函数是无参、无返回值的函数，函数的主体结构不变的情况下，能将它转化成有参函数吗？

② 有参函数定义的两种形式。

③ 有返回值的函数一般采用函数表达式和函数实参的形式调用函数，无返回值的函数一般以函数语句的形式调用函数，可以这样理解吗？

1.6.6　**任务拓展**

① 将任务源程序的 delay（）函数改造为有参函数，同时修改主函数实现任务的功能。

② 适当修改任务中的程序，实现流水灯显示效果从下往上流动。

任务 7 花样彩灯

1.7.1 任务目标

通过本任务的学习、完成，掌握 C 语言中一维数组和二维数组的定义、初始化、引用的方法。

1.7.2 任务描述

利用 C51 语言中数组类型的数据控制二极管显示，实现屏幕的开幕式和闭幕式显示效果。按照 0.4s 的时间间隔，依次将事先存放在数组中的数据通过 P1 口输出。硬件电路仿真图如图 1-49 所示。

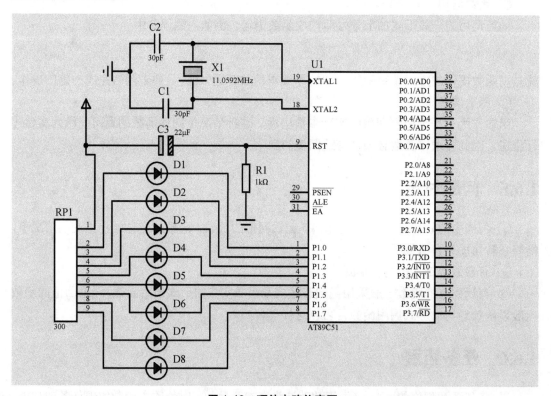

图 1-49 硬件电路仿真图

1.7.3 任务实施

1．利用 Proteus 仿真软件绘制电路原理图

按照 Proteus 仿真软件绘制电路原理图 1-49，绘制原理图时添加的元件见表 1-12。

表 1-12　元件列表

元件编号	元件参考名	元件参数值
C1	CAP	30pF
C2	CAP	30pF
C3	CAP-ELEC	22μF
X1	CRYSTAL	11.0592MHz
D1～D8	LED-RED	
R1	RES	1kΩ
RP1	RESPARK-8	300Ω
U1	AT89C51	

2．C51 应用程序的编译

```
#include "reg51.h"                    //包含头文件
#define uchar unsigned char          //宏定义
uchar disp[8]={ 0x81，0xC3，0xE7，0xFF，0x18，0x3C，0x7E，0xFF}；  //定义一维数组并初始化
void delay（void）
{
    uchar i，j，k；
    for（i=5；i>0；i--）              //外循环 5 次，每次约 0.08s，共延时 0.4s
    {
      for（j=200；j>0；j--）          //循环 200 次，每次约 0.4ms，共延时 0.08s
        {
          for（k=200；k>0；k--）      //内循环 200 次，延时约 200*2μs=0.4ms
            {; }
        }
     }
 }
void main（void）
{
    uchar i；                        //定义 i，j 为无符号字符型变量
    while（1）                        //无限循环
      {
        for（i=0；i<8；i++）          //for 循环，完成 8 次循环
          {
            P1=disp[i]；             //数组元素的值送 P1 端口
            delay（）；              //延时函数调用，实现 0.4s 延时
          }
      }
 }
```

3．执行程序观察效果

将编译成功后的.HEX 文件加载到 CPU，执行程序并观察显示效果。

1.7.4 相关知识

1. C51 程序中的一维数组

（1）一维数组的定义

与简单变量使用一样，在使用数组之前必须要先定义数组。定义一维数组的一般形式为

```
类型说明符 数组名［常量表达式］；
```

例如，源程序中

```
uchar disp ［8］={ 0x81，0xC3，0xE7，0xFF，0x18，0x3C，0x7E，0xFF}；
```

该语句定义了一个名为 disp 的无符号字符数组，数组中共有 8 个元素，对每一个元素进行初始化。

说明：

① 类型说明符：类型说明符定义数组的数据类型。数组的数据类型也是该数组中各个元素的数据类型。在同一数组中，各个数组元素都具有相同的数据类型。

② 数组名：数组名的命名规则与变量名相同，即遵循标志符的命名规则。

③ 常量表达式：数组名后面用方括号括起来的常量表达式，表示数组中元素的个数，即数组的长度。注意，常量表达式中可以包含常量或符号常量，但不能包含变量。也就是说，C51 语言中不允许对数组的大小做动态定义。例如：

```
int n；
int b ［n］；
```

④ 如果数组的长度为 n，则数组中的第一个元素的下标为 0，最后一个元素的下标为 n−1。源程序中数组元素分别为 disp ［0］，disp ［1］，disp ［2］，…，disp ［7］。

（2）一维数组的引用

数组必须先定义，然后使用。在 C51 语言中，使用数值型数组时，只能逐个引用数组元素，而不能一次引用整个数组。数组元素的引用是通过下标来实现的。

一维数组中元素的表示形式是：

```
数组名［下标］
```

① 引用数组元素时，下标可以是任何整型常量、整型变量或任何返回整型量的表达式。例如：

```
num ［10］，score ［4*9］，a ［n］ （n 必须是一个整型变量，并且必须具有确定的值）。
num ［7］= score ［1］+score ［2］；
```

② 对数组元素可以赋值，数组元素也可参加各种运算，这与简单变量的使用是一样的。例如，源程序中

```
P1=disp ［i］；
```

将数组元素 disp ［i］ 的值赋值给 P1 端口。

（3）一维数组的初始化

使数组元素具有某个值的方法有很多。例如，可以使用赋值语句给数组元素赋值，也可使用输入函数在程序运行时给数组元素赋值；还可以在定义数组时对数组元素赋初值，即初始化数组。

对一维数组元素进行初始化的几点说明如下。

① 数组元素的初值依次放在一对花括号内，两个值之间用逗号间隔。例如：

```
uchar disp [8] ={ 0x81，0xC3，0xE7，0xFF，0x18，0x3C，0x7E，0xFF}；
```

经过上面的初始化之后，数组元素 disp [0] 的值为 0x81，disp [1] 的值为 0xc3，…，disp [7] 的值为 0xff。

② 可以只给一部分数组元素赋初值。例如：

```
int b [10] ={0，1，2，3，4，5}；
```

经过上面的初始化之后，只给前面的 6 个数组元素（b [0] ～b [5]）赋了初值，后面 4 个没有赋初值的数组元素（b [6] ～b [9]），被自动初始化为 0。

③ 给全部的数组元素赋初值时，可以不指定数组的长度。例如：

```
int b [10] = {0，1，2，3，4，5，6，7，8，9}；
```

可以写成

```
int b [] ={0，1，2，3，4，5，6，7，8，9}；
```

2．C51 程序中的二维数组

（1）二维数组的定义

定义二维数组的一般形式为

类型说明符 数组名 [常量表达式 1] [常量表达式 2]；

例如：

```
float a [6] [10] ；
```

该语句定义了一个名为 a 的 6×10 的二维数组，数组的类型为 float 型，数组中共有 60 个元素。

说明：

① 数组名后的常量表达式的个数称为数组的维数，每个常量表达式都必须用方括号括起来。例如：

```
float a [6，10] ；
```

这样定义是非法的。

② 二维数组中的元素个数为：常量表达式 1×常量表达式 2。

③ 如果常量表达式 1 的值为 n，常量表达式 2 的值为 m，则二维数组中的第一个元素的下标为 [0] [0]，最后一个元素的下标为 [n-1] [m-1]。

④ 一维数组通常用来表示一行或一列数据，二维数组则通常用来表示按二维表排列的

一组相关数据。

（2）二维数组的引用

二维数组中元素的表示形式是：

数组名［下标 1］［下标 2］

说明：

① 与一维数组相同，二维数组元素的下标也可是任何整型常量、整型变量或返回整型量的表达式。

② 如果二维数组元素第一维的长度为 m，第二维的长度为 n，则引用该二维数组的元素时，第一个下标的范围为 0~m~1，第二个下标的范围为 0~n~1。

例如：

int score ［3］ ［4］；

则各个数组元素在内存中存放顺序为：

score ［0］ ［0］　　score ［0］ ［1］　　score ［0］ ［2］　　score ［0］ ［3］
score ［1］ ［0］　　score ［1］ ［1］　　score ［1］ ［2］　　score ［1］ ［3］
score ［2］ ［0］　　score ［2］ ［1］　　score ［2］ ［2］　　score ［2］ ［3］

（3）二维数组的初始化

对二维数组元素进行初始化的几点说明如下。

① 分行给二维数组赋初值。例如：

int c ［4］ ［3］ ={{1, 2, 3}, {4, 5, 6}, {7, 8, 9}, {10, 11, 12}};

第一对花括号内的数值赋给数组 c 第一行的元素，第二对花括号内的数值赋给第二行的元素，…，依次类推。

② 也可以把所有的数据都写在一对花括号内。例如：

int c ［4］ ［3］ ={1, 2, 3, 4, 5, 6, 7, 8, 9, 10, 11, 12};

但是这种初始化二维数组的方法不如第一种方法直观。

③ 可以只对二维数组的部分元素赋初值。例如：

int c ［4］ ［3］ ={{1}, {2}, {3}};

这时，c ［0］ ［0］ 的值为 1，c ［1］ ［0］ 的值为 2，c ［2］ ［0］ 的值为 3。又如：

int c ［4］ ［3］ ={{1}, {2, 3}};

这时，c ［0］ ［0］ 的值为 1，c ［1］ ［0］ 的值为 2，c ［1］ ［1］ 的值为 3。

④ 如果对二维数组的全部元素赋初值，则定义二维数组时，第一维的长度可以省略，但第二维的长度不能省略。例如：

int c ［4］ ［3］ ={{1, 2, 3}, {4, 5, 6}, {7, 8, 9}, {10, 11, 12}};

可以写成

int c ［］ ［3］ ={{1, 2, 3}, {4, 5, 6}, {7, 8, 9}, {10, 11, 12}};

1.7.5　问题讨论

①　所谓的花样彩灯，实际上是根据花样显示的效果，看看输出的数据变化有没有规律，如果有规律，可通过数据运算得到某一时刻输出的数据；如果没有规律，但根据显示效果，可得到不同时刻输出不同的数据，就可以像任务程序一样处理，将不同数据定义给一数组，然后控制好时间间隔，逐一输出到二极管。向前面的流水灯、跑马灯任务都可以用数组来实现。

②　当处理的同类数据不多时，可以利用一维数组来处理；当处理的同类数据较多时，可以用二维数组来处理。一定要清楚，二维数组的各元素在存储器中的存放顺序。如何编程实现对二维数组元素的依次引用？

1.7.6　任务拓展

①　用一维数组编程实现跑马灯的显示效果。

②　用二维数组实现从上往下和从下往上依次点亮一个二极管的显示效果，每次显示时间间隔为 0.5s。

单元检测题 1

一、单选题

1. AT89C51 单片机是_____位的单片机。
   - A. 16 位
   - B. 32 位
   - C. 8 位
   - D. 64 位

2. 控制程序必须下载到单片机的_____中，单片机才能工作。
   - A. 数据存储器
   - B. 程序存储器
   - C. 控制器
   - D. 运算器

3. 单片机应用系统由_____两个部分组成。
   - A. 硬件系统和控制程序
   - B. 运算器和控制器
   - C. 时钟电路和复位电路
   - D. 程序存储器和数据存储器

4. _____是单片机的控制核心，完成运算和控制功能。
   - A. CPU
   - B. RAM
   - C. ROM
   - D. I/O

5. 对于 C51 程序，以下说法错误的是_____。
   - A. 在 C51 程序中使用 ";" 作为语句的结束符
   - B. 一条语句可以多行书写
   - C. 可以一行书写多条语句
   - D. C51 程序不区分大小写，如变量 j 和变量 J 表示同一个变量

6. 在 C51 语言的循环语句中，用作循环结束条件判断的表达式为_____。
   - A. 关系表达式
   - B. 逻辑表达式
   - C. 算术表达式
   - D. 任意表达式

7. 参与取余运算的数据必须都是_____。
   - A. 整型数据
   - B. 浮点数据
   - C. 字符
   - D. 字符串

8. 下面是对一维数组 a 的初始化，其中不正确的是_____。
   - A. char a [5] ={ "abc" };
   - B. char a [5] ={ 'a', 'b', 'c'};
   - C. char a [5] = "";
   - D. char a [5] = "abcdef";

9. 按位或运算经常用于指定位_____，其余位不变的操作。

A. 置 1   B. 取反

C. 清 0   D. 以上都不对

二、填空题

1. 微型计算机硬件系统由_____、_____、_____、_____、_____五部分组成。

2. LED 控制电路中，为控制流过 LED 的电流大小，需要连接_____电阻。

3. 单分支选择结构程序一般用_____语句实现；双分支选择结构程序一般用_____语句实现；多分支选择结构程序一般用_____语句或_____语句实现。

4. while 语句和 do～while 语句的区别在于，_____语句的循环体至少执行一遍，而_____语句的循环体有可能一遍都不执行。

5. 位类型的常量值只有两个：_____和_____。

6. 在单片机的 C51 语言程序设计中，_____类型数据经常用于处理 ASCII 字符和小于或等于 255 的整型数。

7. 对浮点数进行除法运算，其结果为浮点数，如 30.0/5 的商为_____；而整数进行除法运算，所得值是整数，如 9/4，商为_____。

三、简答题

1. 什么是单片机？简述单片机的特点。

2. 当 P0～P3 口作为通用 I/O 口时，各有什么特点？

3. 构成选择程序结构的语句有哪些？

4. 构成循环程序结构的语句有哪些？

单元2　单片机内部存储器系统

知 识 点

1. 单片机 AT89C51 内部存储器的结构及组成。
2. 访问单片机不同存储空间的变量定义方法。
3. 存储器的有关概念。

技 能 点

1. 掌握定义不同存储器类型变量访问不同存储器地址空间的方法。
2. 掌握利用 Keil C51 编译器调试功能窗口观察结果的方法。
3. 掌握 absacc.h 头文件的内容及应用技能。

　　AT89C51 单片机内部具有 256B 的数据存储器，作为数据的存储区域和特殊寄存器区域；具有 4KB 的程序存储器，存放应用程序和常数表格。可以通过定义不同存储器类型的变量来访问各种存储器区域。本单元通过三个任务学习并了解存储器结构；定义相关变量来访问不同的存储空间；实现不同存储空间的数据互传。

任务 1　内部 RAM 数据输出点亮彩灯

2.1.1　任务目标

　　通过对本任务的学习，掌握单片机 AT89C51 内部存储器的结构及组成；掌握如何在 C51 程序中定义变量访问内部存储器；了解编译系统为不同变量分配内部存储器空间的特性。

2.1.2 任务描述

将单片机内部 RAM 指定单元的字节内容或位地址单元的一个二进制位数据通过单片机的 P1 口或 P1 口的某一位输出，并在发光二极管上实时显示。其仿真电路如图 2-1 所示。

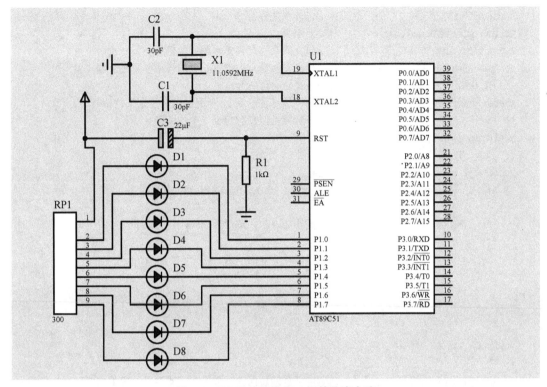

图 2-1 P1 口外接发光二极管仿真电路

2.1.3 任务实施

1．利用 Proteus 仿真软件绘制电路原理图

利用 Proteus 仿真软件绘制电路原理图 2-1，绘制原理图时添加的元件见表 2-1。

表 2-1 元件列表

元件编号	元件参考名	元件参数值
C1	CAP	30pF
C2	CAP	30pF
C3	CAP-ELEC	22μF
X1	CRYSTAL	11.0592MHz
D1~D8	LED-RED	
R1	RES	1kΩ
RP1	RESPARK-8	300Ω
U1	AT89C51	

2．C51 应用程序的编译

首先，分别定义一个直接访问内部数据存储器的外部变量（也称全局变量）、内部变量（也称局部变量）和位变量并初始化值；然后，分别通过 P1 口输出在发光二极管上显示，数据显示时间间隔为 1s。

```
#include "reg51.h"                    //包含头文件
#define uchar unsigned char           //宏定义
extern uchar idata in_a=0x55;         //定义间接访问内部数据存储器的外部变量
unsigned char bdata kh=0xfe;          //定义直接访问内部数据存储器可位寻址区域变量
sbit P1_0=P1^0;                       //定义一个位符号
sbit kh_0=kh^0;                       //给可位寻址区域 kh 单元的第 0 位定义位符号
bit  a=1;                             //在位寻址区任意定义一个位变量 a
void delay（void）
{
uchar i, j, k;
for（i=10; i>0; i--）                  //外循环 10 次，每次约 0.1s，共延时 1s
  {
    for（j=200; j>0; j--）             //循环 200 次，每次约 0.5ms，共延时 0.1s
     {
        for（k=250; k>0; k--）         //内循环 250 次，延时约 250*2μs=0.5ms
         {; }
     }
  }
}
void main（void）
{
        uchar in_c=76;                //定义直接访问内部数据存储器的局部变量
        while（1）                     //无限循环
    {
        P1=in_a;
        delay（）;                     //延时函数调用，实现 1s 延时
        P1=in_c;                      //将数据 76 通过 P1 口输出
        delay（）;
        P1=0xff;
        P1_0=kh_0;                    //将可位寻址的内部数据存储器 kh 的第 0 位送 P1 口的第 0 位
                                      //P1.0 引脚外接二极管亮，其他灯不亮
        delay（）;
        kh_0=a;                       //两个位地址之间传输数据，kh_0=1
        P1_0=kh_0;                    //P1.0 引脚外接二极管不亮
        delay（）;
    }
}
```

3．执行程序观察效果

将编译成功后的.HEX 文件加载到 CPU，执行程序并观察显示结果。

2.1.4 相关知识

1．利用 Keil C51 编译软件调试功能观察仿真结果

① 了解"Debug"菜单命令。

在菜单栏中单击 Debug 菜单，如图 2-2 所示。调试菜单和调试命令描述表见表 2-2。

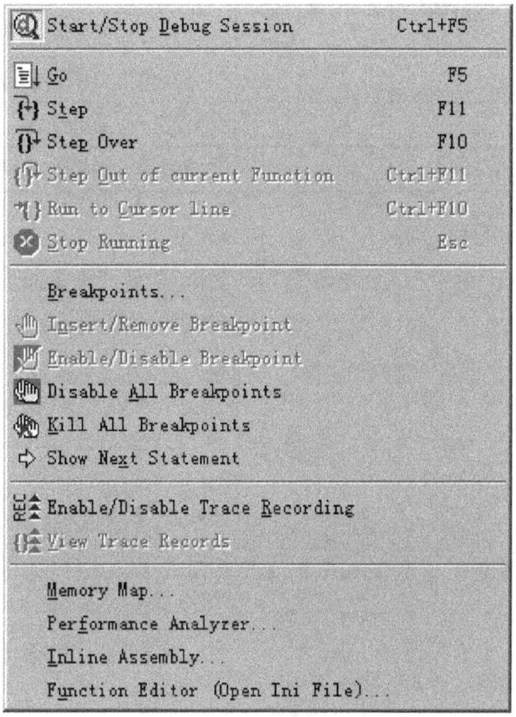

图 2-2 "Debug"菜单

表 2-2 调试菜单和调试命令描述表

Debug 菜单	快捷键	描述
Start/Stop Debug Session	Ctrl+F5	启动或停止 μVision2 调试模式
Go	F5	运行、执行，直到下一个有效的断点
Step	F11	跟踪运行程序
Step Over	F10	单步运行程序
Step out of current function	Ctrl+F11	执行到当前函数的程序
Run to Cursor line	Ctrl+F10	执行到光标所在行
Stop Running	ESC	停止程序运行
Breakpoints…		打开断点对话框
Insert/Remove Breakpoint		在当前行设置，清除断点
Enable/Disable Breakpoint		使能/禁能当前行的断点
Disable All Breakpoints		禁能程序中所有断点
Kill All Breakpoints		清除程序中所有断点

（续表）

Debug 菜单	快捷键	描述
Show Next Statement		显示下一条执行的语句、指令
Enable/Disable Trace Recording		使能跟踪记录，可以显示程序运行轨迹
View Trace Records		显示以前执行的指令
Memory Map…		打开存储器空间配置对话框
Performance Analyzer…		打开性能分析器的设置对话框
Inline Assembly…		对某一行重新汇编，可以修改汇编代码
Function Editor（Open Ini File）		编辑调试函数和调试配置文件

② 单击 Debug 工具图标 。

③ 单击"Peripherals"→"I/O-Ports"→"Port1"命令，Port1 端口浮动在界面中，如图 2-3 所示。

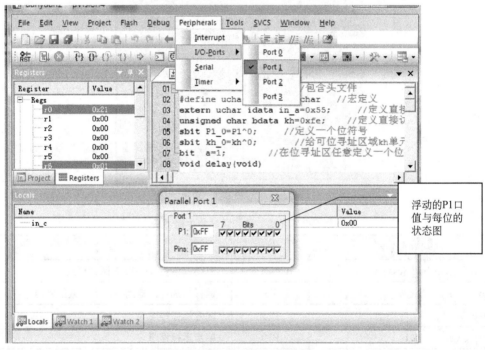

图 2-3　调试观察 P1 端口图

④ 单击单步跟踪运行工具图标，如图 2-4 所示。

⑤ 打开局部变量值观察窗口，并连续单击单步运行按钮弹出如图 2-5 所示窗口。

⑥ 再单击单步运行按钮进入到 delay 函数，如图 2-6 所示。

⑦ 单击如图 2-6 所示"单步运行到函数图标"，运行到主函数所指语句，如图 2-7 所示。

通过单步运行，可观察每条语句执行后 P1 口每位的状态。调试程序的方法和设置断点运行、连续运行等方式。

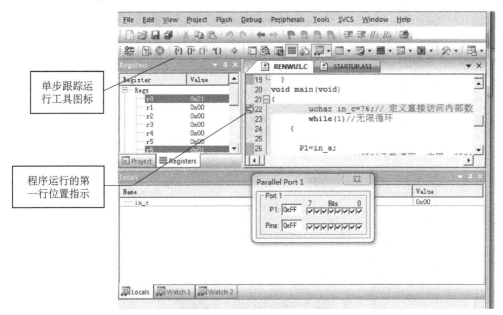

图 2-4 单步跟踪运行工具图

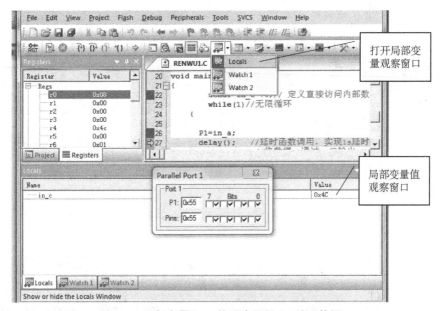

图 2-5 局部变量 in_c 值观察图及 P1 端口值图

2．AT89C51 的内部数据存储器

AT89C51 的内部 RAM 共有 256 个单元,通常把这 256 个单元按其功能划分为两部分:低 128 单元(单元地址 00H～7FH)和高 128 单元(单元地址 80H～FFH),如图 2-8 所示。

其中,低 128 单元是单片机的真正 RAM 存储器,按其用途可划分为三个区域。

(1)寄存器区

寄存器区共有四组寄存器,每组 8 个 8 位的寄存单元,各组都以 R0～R7 编号。常用于存放操作数及中间结果等,四组通用寄存器占据内部 RAM 的 00H～1FH 单元地址。

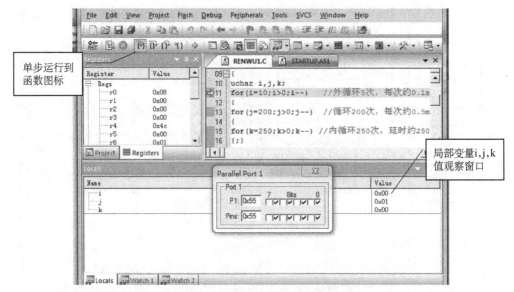

图2-6　单步运行进入到函数图

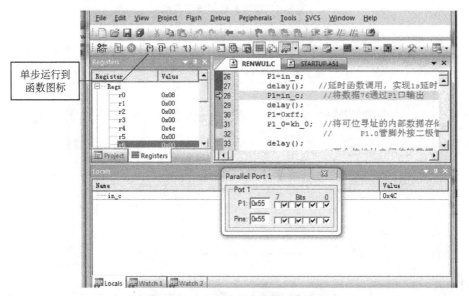

图2-7　运行到主函数所指语句图

在任一时刻，CPU 只能使用其中的一组寄存器，并把正在使用的那组寄存器称为当前寄存器组。由程序状态字寄存器 PSW 中 RS1，RS0 位的状态组合来决定使用哪一组。

（2）位寻址区

内部 RAM 的 20H～2FH 单元既可作为一般 RAM 单元使用，进行字节操作；也可以对单元中的每一位地址单元进行位操作，因此把该区称为位寻址区。表 2-3 为位寻址区的位地址表。

位寻址区共有 16 个 RAM 单元，共 128 个位，位地址为 00H～7FH。

源程序中通过语句

unsigned char bdata kh=0xfe;

（低128单元）　　　　　　　（高128单元）

```
7FH ┌──────────────┐      FFH ┌──────────────┐
    │              │      F0H │ B            │
    │  用户RAM区    │      E0H │ ACC          │
    │ (堆栈、数据缓冲) │      D0H │ PSW          │  专
    │              │      B8H │ IP           │  用
    │              │      B0H │ P3           │  寄
    │              │      A8H │ IE           │  存
30H │              │      A0H │ P2           │  器
2FH ├──────────────┤      99H │ SBUF         │  区
    │   位寻址区    │      98H │ SCON         │
    │ (位地址00H~7FH)│      90H │ P1           │  SFR
20H │              │      8DH │ TH1          │
1FH ├──────────────┤      8CH │ TH0          │
18H │ 第3组通用寄存器区 │   8BH │ TL1          │
17H ├──────────────┤      8AH │ TL0          │
10H │ 第2组通用寄存器区 │   89H │ TMOD         │
0FH ├──────────────┤      88H │ TCON         │
08H │ 第1组通用寄存器区 │   87H │ PCON         │
07H ├──────────────┤      83H │ DPH          │
00H │ 第0组通用寄存器区 │   82H │ DPL          │
    └──────────────┘      81H │ SP           │
                          80H │ P0           │
                              └──────────────┘
```

图 2-8　内部 RAM 的配置

表 2-3　内部 RAM 位寻址区的位地址

单元地址	IVISB			位地址				LSB
2FH	7F	7E	7D	7C	7B	7 A	79	78
2EH	77	76	75	74	73	72	71	70
2DH	6F	6E	6D	6C	6B	6A	69	68
2CH	67	66	65	64	63	62	61	60
2BH	5F	5E	5D	5C	53	5A	59	58
2AH	57	56	55	54	53	52	51	50
29H	4F	4E	4D	4C	4B	4A	49	48
28H	47	46	45	44	43	42	41	40
27H	3F	3E	3D	3C	3B	3A	39	38
26H	37	36	35	34	33	32	31	30
25H	2F	2E	2D	2C	2B	2A	29	28
24H	27	26	25	24	23	22	21	20
23H	1F	1E	1D	1C	1B	1A	19	18
22H	17	16	15	14	13	12	11	10
21H	0F	0E	0D	0C	0B	0A	09	08
20H	07	06	05	04	03	02	01	00

定义变量 kh。编译系统在 20H～2FH 区域中分配一个地址单元给该变量，该变量的每一位都对应一个位地址，可以给它的每一位定义一个位符号。例如，程序中

```
sbit kh_0=kh^0;
```

该语句给 kh 变量的第 0 位定义位符号位 kh_0。

（3）用户 RAM 区

在内部 RAM 低 128 单元中，通用寄存器占去 32 个单元，位寻址区占去 16 个单元，剩下 80 个单元，是供用户使用的一般 RAM 区，其单元地址为 30H～7FH。

源程序中通过语句

extern uchar idata in_a=0x55；

定义 in_a 变量，编译系统在 00H～7FH 区域中分配一个地址单元给该变量。

程序中 bdata，idata 为变量存储器类型关键词。变量的定义包含给出变量的存储种类、存储器类型、数据类型等信息。

定义一个变量的格式如下：

［存储种类］数据类型［存储器类型］变量名表

数据类型和变量名表是必要的。

存储种类有四种：自动（auto）、外部（extern）、静态（static）和寄存器（register）。默认类型为自动。

存储器类型是指定该变量在 C51 硬件系统中所使用的存储区域，以便在编译时准确定位。表 2-4 给出 C51 所能识别的存储器类型。

表 2-4　C51 所能识别的存储器类型

存储器类型	说明
data	直接访问内部数据存储器（128B），访问速度最快
bdata	可位寻址内部数据存储器（16B），允许位与字节混合访问
idata	间接访问内部数据存储器（256B），允许访问全部地址
pdata	分页访问外部数据存储器（256B），
xdata	外部数据存储器（64KB）
code	程序存储器

在源程序中：

① extern uchar data in_a=0x55 语句定义了一个直接访问内部数据存储器的外部变量 in_a；

② unsigned char bdata kh=0xfe 语句定义直接访问内部数据存储器可位寻址区域的变量 kh；

③ sbit P1_0=P1^0 语句定义一个位变量 P1_0，是 P1 口的第 0 位；

> 注意：外部变量都是静态存储的，外部变量也称为全局变量。所谓全局变量，是指变量作用域为整个源程序。在源程序的开头定义外部变量，定义外部变量时，"extern" 关键词可缺省。

④ auto uchar in_c=76 语句定义一个直接访问内部数据存储器的局部变量 in_c。

> 注意：所谓局部变量，是指变量作用域为整个函数，是在函数内定义的变量。定义自动变量时，"auto" 关键词可默认。

编写程序时，应根据要访问的存储器类型的不同，分别定义具有不同存储器类型的变量。

对用户 RAM 区的使用没有任何规定或限制，但在应用中常把堆栈开辟在此区中。

内部 RAM 的高 128 单元是供给专用寄存器使用的，称为专用寄存器区，其单元地址为 80H～FFH。因此类寄存器的功能已做专门规定，称为专用寄存器（SFR），或称为特殊功能寄存器。

AT89C51 共有 21 个专用寄存器和一个程序计数器，其中有 11 个专用寄存器既可字节寻址，又可位寻址。程序计数器和部分寄存器简单介绍如下。

① 程序计数器（PC，Program Counter）。PC 是一个 16 位的计数器。其内容为将要执行的指令地址，寻址范围达 64KB。PC 有自动加 1 功能，从而实现程序的顺序执行。

PC 没有分配地址，是不可寻址的，但可以通过转移、调用、返回等指令改变其内容，以实现程序的转移。

② 累加器（ACC，Accumulator）。累加器为 8 位寄存器，是最常用的专用寄存器，既可用于存放操作数，也可用来存放运算的中间结果。

③ B 寄存器。B 寄存器是一个 8 位寄存器，主要用于乘除运算。乘法运算时作为乘数。乘法操作后，乘积的高 8 位存于 B 中。除法运算时作为除数。除法操作后，余数存于 B 中。该寄存器也可作为一般数据寄存器使用。

④ 程序状态字（PSW，Program Status Word）。程序状态字是一个 8 位寄存器，用于寄存程序运行的状态信息。PSW 的各位定义如下：

位 序	PSW.7	PSW.6	PSW.5	PSW.4	PSW.3	PSW.2	PSW.1	PSW.0
位标志	CY	AC	F_0	RS_1	RS_0	OV	/	P

除 PSW.1 位保留未用外，对其余各位的定义及使用介绍如下。

- CY（PSW.7）——进位标志位。CY 是 PSW 中最常用的标志位，其功能有二：一是存放算术运算的进位标志；二是在位操作中，作为累加位使用。对于位传送、位与、位或等位操作，操作位之一固定是进位标志位。
- AC（PSW.6）——辅助进位标志位。加减运算中，当有低 4 位向高 4 位进位或借位时，AC 由硬件置位，否则 AC 位被清 0。在十进制调整中，也要用到 AC 位状态。
- F_0（PSW.5）——用户标志位。这是一个供用户定义的标志位，需要时用软件方法置位或复位，用以控制程序的转向。
- RS_1 和 RS_0（PSW.4，PSW.3）——寄存器组选择位。用于设定通用寄存器的组号。通用寄存器共有四组，其对应关系见表 2-5。

表 2-5　寄存器的对应关系

RS_1	RS_0	寄存器组	R0～R7 地址
0	0	组 0	00H～07H
0	1	组 1	08H～0FH
1	0	组 2	10H～17H
1	1	组 3	18H～1FH

- OV（PSW.2）——溢出标志位。在带符号数加减运算中，OV=1 表示加减运算超出了累加器 A 所能表示的符号数有效范围（−128～+127），即产生了溢出，因此运算结果是错误的；否则，OV=0 表示运算正确，即无溢出产生。

在乘法运算中，OV=1 表示乘积超过 255，即乘积分别在 B 与 A 中；否则，OV=0，表示乘积只在 A 中。

在除法运算中，OV=1 表示除数为 0，除法不能进行；否则，OV=0，除数不为 0，除法可正常进行。

- P（PSW.0）——奇偶标志位。表明累加器 A 中数的奇偶性。在每个指令周期，由硬件根据 A 的内容对 P 位自动置位或复位。

⑤ 数据指针（DPTR）。数据指针为 16 位寄存器，它是 AT89C51 中唯一的一个 16 位寄存器。编程时，DPTR 既可以按 16 位寄存器使用，也可以按两个 8 位寄存器分开使用，即

- DPH：DPTR 高位字节。
- DPL：DPTR 低位字节。

DPTR 通常在访问外部数据存储器时作为地址指针使用，由于外部数据存储器的寻址范围为 64KB，故把 DPTR 设计为 16 位。

⑥ 堆栈及堆栈指示器。

- 堆栈的功能。堆栈是为函数调用和中断操作而设立的，其具体功能有两个：保护断点和保护现场。断点和现场内容保存在堆栈中。为使计算机能进行多级中断嵌套及多重函数嵌套，要求堆栈要有足够的容量（或有足够堆栈深度）。
- 堆栈指示器。堆栈共有两种操作：进栈和出栈。但不论是数据进栈还是数据出栈，都是从栈顶单元开始执行，即对栈顶单元的写和读操作。为指示栈顶地址，要设置堆栈指示器 SP（Stack Pointer）。SP 的内容就是堆栈栈顶的存储单元地址。

AT89C51 单片机堆栈设在内部 RAM 中，并且 SP 是一个 8 位专用寄存器。

系统复位后，SP 的内容为 07H。堆栈最好在内部 RAM 的 30H～7FH 单元中开辟，在程序设计时应把 SP 值设置为 30H 以后。

- 堆栈使用方式。堆栈的使用有两种方式。

一种是自动方式，即在函数调用或中断时，返回地址（断点）自动进栈。程序返回时，断点地址再自动弹回 PC。这种堆栈操作无须用户干预，因此称为自动方式。

另一种是指令方式，即使用专用的堆栈操作指令，进行进、出栈操作。在汇编中，进栈指令为 PUSH，出栈指令为 POP。例如，现场保护就是一系列指令方式的进栈操作；而现场恢复则是一系列指令方式的出栈操作。

除上述的专用寄存器外，还有单元 1 中讲到的四个并行 I/O 口所对应的 P0，P1，P2，P3 锁存器，还有与定时器、中断、串行口有关的专用寄存器。专用寄存器符号及分配的内部 RAM 地址表见表 2-6。

在 C51 源程序中，单片机内部的专用寄存器在头文件 "reg51.h" "at89x51.h" 已经定义过，所以在源程序开头只要包含上述任一头文件后就无须再定义了，在语句中可直接应用。

表 2-6 专用寄存器符号及分配的内部 RAM 地址表

SFR	MSB			位地址/位定义				LSB	字节地址
B	F7	F6	F5	F4	F3	F2	F1	F0	F0H
ACC	E7	E6	E5	E4	E3	E2	E1	E0	E0H
PSW	D7	D6	D5	D4	D3	D2	D1	D0	D0H
	CY	AC	F0	RSI	RS0	OV	FI	P	
IP	BF	BE	HD	BC	BB	BA	B9	B8	B8H
	/	/	/	PS	PT1	PX1	PT0	PX0	
P3	B7	B6	B5	B4	B3	B2	B 1	B0	B0H
	P3.7	P3.6	P3.5	P3.4	P3.3	P3.2	P3.1	P3.0	
IE	AF	AE	AD	AC	AB	A A	A9	A8	A8H
	EA	/	/	ES	ET1	EX 1	ET0	EX0	
P2	A 7	A6	A5	A4	A3	A2	A1	A0	A0H
	P2.7	P2.6	P2.5	P2.4	P2.5	P2.2	P2.1	P2.0	
SBUF									(99H)
SCON	9F	9E	9D	9C	9B	9A	99	98	98H
	SMO	SM1	SM2	REN	TB8	RB8	T1	R1	
P1	97	96	95	94	93	92	91	90	90H
	P1.7	P1.6	P1.5	P1.4	P1.3	P1.2	PU	P1.0	
TH1									(8DH)
TH0									(8CH)
TL1									(8BH)
TL0									(8AH)
TMOD	GATE	C/$\overline{\text{T}}$	M1	M0	GATE	C/$\overline{\text{T}}$	M1	M0	(89M)
TCON	8F	8E	8D	8C	8B	8A	89	88	88H
	TF1	TR1	TF0	TR0	IE1	IT1	IE0	IT0	
PCON	SMOD	/	/	/	/	/	/	/	(87H)
DPH									(83H)
DPL									(82H)
SP									(81H)
P0	87	86	85	84	83	82	81	80	80H
	P0.7	P0.6	P0.5	P0.4	P0.3	P0.2	P0.1	P0.0	

2.1.5 问题讨论

① 通过 AT89C51 单片机内部数据存储器结构的学习,是否真正理解 sbit 和 bit 的区别?

提示: 在程序设计中,经常用 sbit 来定义单片机的 I/O 口引脚符号,程序中用该符号表示对应 I/O 口引脚,便于对引脚操作编程。实际上,sbit 可以给任意具有位地址的 SFR(51 单片机共有 11 个 SFR 具有位地址)或位寻址区(20H~2FH)的某一位定义位符号。bit 用来定义位变量,位变量由编译系统任意分配位地址单元(也就是 20H~2FH 区域内的某一位),程序设计者不用具体知道编译系统是如何分配的,位变量通常用来作为标志使用。

② 在 C51 程序设计中,基本上不需要对书中介绍的 A、B、SP、DPTR、PSW 等 SFR直接操作,一般了解一下就行。在程序单步运行调试中,在 Keil 的相关窗口能看到这些 SFR

的值变化。

2.1.6 任务拓展

在内部 RAM 20H～2FH 区域中定义一个变量，用该变量存放 P2 口输入的值，在该变量的第 5 位为 0 时，P1 口外接的 D1～D4 灯亮；在该变量的第 5 位为 1 时，P1 口外接的 D5～D8 灯亮。利用 Keil 的单步运行调试窗口设置 P2 的状态，单步运行程序并观察结果。

任务 2 内部 ROM 数据输出点亮彩灯

2.2.1 任务目标

通过对本任务的学习，了解单片机 AT89C51 内部程序存储器的容量和作用；掌握如何在 C51 程序中定义变量访问内部程序存储器；进一步掌握如何应用一维数组。

2.2.2 任务描述

将单片机内部程序存储器指定单元的字节内容通过单片机的 P1 口输出，并在发光二极管上实时显示。其仿真电路如图 2-9 所示。

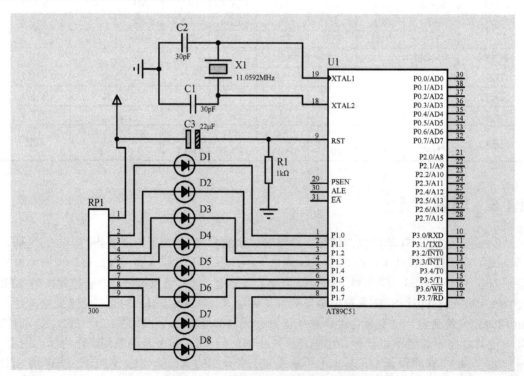

图 2-9 P1 口外接发光二极管仿真电路

2.2.3 任务实施

1. 利用 Proteus 仿真软件绘制电路原理图

利用 Proteus 仿真软件绘制电路原理图 2-9，绘制原理图时添加的元件见表 2-7。

表 2-7 元件列表

元件编号	元件参考名	元件参数值
C1	CAP	30pF
C2	CAP	30pF
C3	CAP-ELEC	22μF
X1	CRYSTAL	11.0592MHz
D1～D8	LED-RED	
R1	RES	1kΩ
RP1	RESPARK-8	300Ω
U1	AT89C51	

2. C51 应用程序的编译

定义一个存放在内部程序存储器中的一维数组并初始化，编写程序将数组各元素值分别通过 P1 口输出在发光二极管上显示，数据显示时间间隔为 1s。

```
#include "reg51.h"              //包含头文件
#define uchar unsigned char     //宏定义
uchar code play_rom[6]={0x55, 0xaa, 0x0f, 0xf0, 0x99, 0x66};
                               //定义长度为 6 的一维数组
void delay（void）
{
    uchar i, j, k;
    for（i=10; i>0; i--）         //外循环 10 次，每次约 0.1s，共延时 1s
    {
        for（j=200; j>0; j--）     //循环 200 次，每次约 0.5ms，共延时 0.1s
        {
            for（k=250; k>0; k--） //内循环 250 次，延时约 250*2μs=0.5ms
            {; }
        }
    }
}
void main（void）
{   uchar i=0;
    while（1）                    //无限循环
    {
        for（i=0; i<6; i++）
        {
            P1= play_rom[i];     //P1 输出数组第 i 号元素
```

```
            delay（）;                        //延时函数调用，实现 1s 延时
        }
    }
}
```

3．执行程序观察效果

将编译成功后的.HEX 文件加载到 CPU，执行程序并观察显示结果。

2.2.4　相关知识

AT89C51 单片机内部有 4KB 的 Flash ROM（闪存），AT89C52 单片机内部有 8KB 的 Flash ROM（闪存）。不同型号的 CPU 内部包含的程序存储器容量不一样，可以通过查看技术手册了解。程序存储器在应用系统中用来存放程序或常数表格，用户编写的应用程序通过 Keil C51 编译软件编译、连接后转化成为二进制代码，即机器码，以字节为单位通过编程器或专用下载器存放到程序存储器。

1．存储器的有关概念

半导体存储器是微型计算机的重要组成部分，是微型计算机的重要记忆元件，常用于存储程序、常数、原始数据、中间结果等数据。半导体存储器的容量越大，计算机的记忆功能就越强；半导体存储器的速度越快，计算机的运算速度就越快。因此，半导体存储器的性能对计算机的功能具有重要的意义。下面首先介绍几个与半导体存储器有关的概念。

① 位（bit）：信息的基本单元，它用来表达一个二进制信息"1"或"0"。在存储器中，位信息是由具有记忆功能的半导体电路（如触发器）实现的。

② 字节（Byte）：在微型计算机中，信息大多是以字节形式存放的。一个字节由 8 个信息位组成，通常作为一个存储单元。

③ 字（word）：字是计算机进行数据处理时，一次存取、加工和传递的一组二进制位。它的长度叫作字长。字长是衡量计算机性能的一个重要指标。

④ 容量：存储器芯片的容量是指在一块芯片中所能存储的信息位数。例如，8K×8 位的芯片，其容量为能存储 8×1 024×8=65 536 位信息。存储体的容量则指由多块存储器芯片组成的存储体所能存储的信息量，一般以字节的数量表示，如上述芯片的存储容量为 8K 字节。

⑤ 地址：字节所处的物理空间位置是以地址标志的。我们可以通过地址码访问某一字节，即一个字节对应一个地址。对于 16 位地址线的微机系统来说，地址码是由 4 位十六进制数表示的。16 位地址线所能访问的最大地址空间为 64KB。64KB 存储空间的地址范围是 0000H～FFFFH，第 0 个字节的地址为 0000H，第 1 个字节的地址为 0001H，…，第 65535 个字节的地址为 FFFFH。

2．存储器的主要性能指标

存储器有两个主要技术指标：存储容量和存取速度。

（1）存储容量

存储容量是半导体存储器存储信息量大小的指标。半导体存储器的容量越大，存放程

序和数据的能力就越强。

（2）存取速度

存储器的存取速度是用存取时间来衡量的，它是指存储器从接收 CPU 发来的有效地址到存储器给出的数据稳定地出现在数据总线上所需要的时间。存取速度对 CPU 与存储器的时间配合是至关重要的。如果存储器的存取速度太慢，与 CPU 不能匹配，则 CPU 读取的信息就可能有误。

3．C51 应用程序中常数表格的处理方法

在应用程序中通常用一维数组或二维数组存放常数表格。考虑内部数据存储器容量的限制，一般不把存放常数的数组分配在数据存储器内，而是分配在程序存储器内，所以在定义存放常数的数组时，把数组的存储器类型定义为 code 类型，目的就是把数组分配在程序存储器空间。表格内的数据是不变的，即为常数。本任务应用程序中，语句

```
uchar code play_rom [6] ={0x55, 0xaa, 0x0f, 0xf0, 0x99, 0x66};
```

定义了一个 play_rom 数组，存储器类型定义为 code 类型，所以分配的存储空间在程序存储器中，该数组内的元素值为常量，CPU 只能取元素的值参与运算，不能改变元素的值，即不能对该数组元素重新赋值。例如，语句

```
play_rom [i] =0x55；//i
为 0~5 之内的数
```

就是错误的。

在今后的学习中，会见到用 code 存储器类型的数组来存放数码管的段码表、液晶显示的字符串常量等的应用程序。

2.2.5 问题讨论

① 本任务程序中定义一个数组，存放一些常数。该数组的存储器类型定义为 code 类型，即为程序存储器类型，数组元素只能被引用，在程序中不能像 RAM 中的普通变量赋值。该数组可不可以定义为 data 类型？为什么？

② 今后定义变量一定要指定变量的存储器类型，前面任务程序中定义的变量是什么存储器类型呢？

③ 字符型变量的地址和变量的值两者的关系是什么？整型变量的地址和变量的值两者的关系是什么？

2.2.6 任务拓展

把单元一中任务 7 的数组存储器类型改为 code 类型，并观察显示结果。

任务 3   RAM 之间的数据互传

2.3.1   任务目标

通过对本任务的学习，进一步掌握访问内部数据存储器变量的定义和使用方法；熟练利用 C51 语言编写程序实现内部 RAM 之间的数据传送；掌握通过 Keil C51 编译器各调试窗口观察程序运行结果。

2.3.2   任务描述

编程实现将内部 RAM 某一字节地址单元的内容送到另一字节地址单元，将某一位地址单元的内容送到另一位地址单元，通过编译器调试窗口观察结果。

2.3.3   任务实施

1．C51 应用程序的编译

通过宏定义分别定义两个内部 RAM 字节地址单元字符串，通过该字符串来访问内部 RAM，然后再定义两个位地址单元的变量实现位地址区域的访问。

```
#include "reg51.h"              //包含头文件
#include "absacc.h"             //包含头文件，该头文件里定义了 DBYTE 含义
#define uchar unsigned char     //宏定义
#define data_a DBYTE[0x30]      //宏定义 data_a 代表内部 RAM 的 30H 单元
#define data_b DBYTE[0x40]      //宏定义 data_b 代表内部 RAM 的 40H 单元
uchar bdata kh, kj;
  sbit kh_0=kh^0;
  sbit kj_0=kj^0;
  main（）
  {
    data_a=0x55;               //将十六进制数 55 赋值给 data_a 所代表的内部 RAM 30H 单元
    data_b=data_a;             //将内部 RAM 30H 单元的内容赋值给 40H 单元
    kh=0xff;
    kj=0xff;
    kh_0=0;
    kj_0=kh_0;
    while（1）;
  }
```

2．执行程序观察效果

将编译成功后的.HEX 文件加载到 CPU，利用 Keil C51 编译软件调试功能单步运行程

序，通过各窗口观察结果，具体步骤如下。

① 单击 Debug 工具图标，打开窗口如图 2-10 所示。

图 2-10 Debug 窗口

② 单击打开存储器窗口工具图标，内部 RAM 显示窗口如图 2-11 所示。

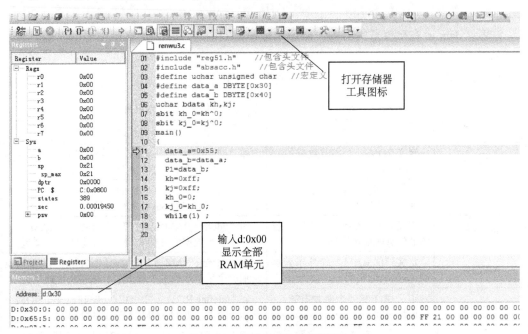

图 2-11 内部 RAM 显示窗口

③ 通过如图 2-12 操作，打开 P1 口显示窗口。

④ 单击单步运行键，观察内部 RAM 相关单元和 P1 口内容的变化。

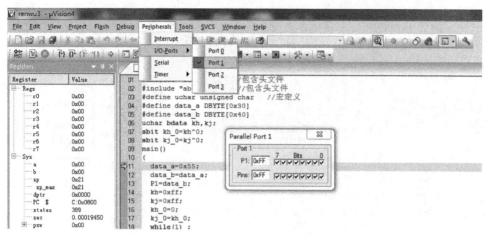

图 2-12　P1 端口显示窗口

2.3.4　相关知识

该程序中应用了"absacc.h"头文件中 DBYTE 的作用，即将内部 RAM 某一字节地址单元定义给某一字符串，在程序中可用该字符串来表示该地址单元并对其进行访问。例如，程序中的语句

> data_b=data_a；//将内部 RAM 30H 单元的内容赋值给 40H 单元

注意：data_a 在赋值号的右侧，表示地址单元的内容；data_b 在赋值号的左侧，表示地址单元号。

"absacc.h"头文件中所定义的标志符及作用表见表 2-8。

表 2-8　"absacc.h"头文件中所定义的标志符及作用表

标志符	作用	举例及说明
CBYTE	定义 ROM 一个字节数据的 16 位地址空间	如"#define ROM_a CBYTE［0x1FFF］"，ROM_a 表示一个字节数据的 ROM 1FFFH 地址单元
DBYTE	定义内部 RAM 一个字节数据的 8 位地址空间	如"#define RAM_a DBYTE［0x30］"，RAM_a 表示一个字节数据的 RAM 30H 地址单元
PBYTE	定义外部 RAM 一个字节数据的 8 位页内地址空间	如"#define RAM_a PBYTE［0x30］"，RAM_a 表示一个字节数据的外部 RAM 页内地址 30H 单元
XBYTE	定义外部 RAM 一个字节数据的 16 位地址空间	如"#define RAM_a XBYTE［0x7FFF］"，RAM_a 表示一个字节数据的外部 RAM 7FFFH 地址单元
CWORD	定义 ROM 一个字数据的 16 位地址空间	如"#define ROM_a CWORD［0x1FFF］"，ROM_a 表示一个字数据的 ROM 1FFFH 地址单元
DWORD	定义内部 RAM 一个字数据的 8 位地址空间	如"#define RAM_a DWORD［0x30］"，RAM_a 表示一个字数据的 RAM 30H 地址单元
PWORD	定义外部 RAM 一个字数据的 8 位页内地址空间	如"#define RAM_a PWORD［0x30］"，RAM_a 表示一个字数据的外部 RAM 页内地址 30H 单元
XWORD	定义外部 RAM 一个字数据的 16 位地址空间	如"#define RAM_a XWORD［0x7FFF］"，RAM_a 表示一个字数据的外部 RAM 7FFFH 地址单元

2.3.5 问题讨论

① 本任务程序中通过宏命令定义 data_a，data_b 两个标志符，分别表示内部 RAM 的存储单元地址。它们和普通变量有区别吗？如果有区别，区别是什么？

② 程序中用 sbit 给内部 RAM 位寻址区中的某字节存储单元的第 0 位定义了一个位符号，这里能将 sbit 换成 bit 吗？sbit 和 bit 本质的区别是什么？

2.3.6 任务拓展

将程序中的 DBYTE 改为 DWORD，在程序中给 data_a 所代表的存储单元赋 16 位值，其他部分不动，仿真观察 30H、31H、40H、41H 单元的内容的变化。

单元检测题 2

一、单选题

1. 具有可读可写功能，断电后数据丢失的存储器是_____。

    A. CPU   B. RAM   C. ROM   D. ALU

2. 具有只读不能写，断电后数据不会丢失的存储器是_____。

    A. CPU   B. RAM   C. ROM   D. ALU

3. 按位或运算经常用于把指定位_____，其余位不变的操作。

    A. 置 1   B. 取反   C. 清 0   D. 以上都不对

4. _____没有位于片内 128B 数据存储器中。

    A. 位寻址区   B. SFR   C. 工作寄存器区   D. 用户 RAM

5. 复位后，单片机并行 I/O 口 P0～P3 的值是_____。

    A. 0x00   B. 0xff   C. 0x0f   D. 0xf0

二、填空题

1. 21 个特殊寄存器分布在内部 RAM 的_____地址空间内。

2. 单片机 128B 片内 RAM 中，工作寄存器区的地址范围是_____，位寻址区的地址范围是_____，用户 RAM 区地址范围是_____。

3. 系统复位后，PC=_____，表示单片机从程序存储器的_____单元开始执行程序。

4. 用符号常量 PI 表示数值 3.1415，定义方法是_____。

5. 在下面的数组定义中，关键字 "code" 是为了把 tab 数组存储在_____。

unsigned char code tab ［］={'A'，'B'，'C'，'5'}；

三、简答题

1. 简述 C51 关键字 sbit 和 bit 的作用，并举例说明。

2. C51 程序中变量的存储器类型有哪些。

3. 使用符号常量有什么好处。

4. 简述在 "absacc.h" 头文件中所定义的标志符的作用。

5. 简述 C51 单片机系统中的位、字节、字、存储器内容和地址的概念。

单元 3　单片机内部定时器/计数器系统

知 识 点

1. 单片机 AT89C51 内部定时器/计数器的结构及组成。
2. 定时器/计数器的方式寄存器 TMOD 的作用。
3. 定时器/计数器的控制寄存器 TCON 的作用。

技 能 点

1. 掌握利用计数器对外部脉冲计数的编程步骤及技巧。
2. 掌握利用定时器完成定时的编程步骤及技巧。

AT89C51 单片机内部具有 T0，T1 两个 16 位定时器/计数器，TL0，TH0 和 TL1，TH1 分别对应 2 个定时器/计数器的低 8 位和高 8 位，可工作于定时功能和计数功能，并有四种工作方式，通过方式寄存器 TMOD 来设置定时器的功能和工作方式，定时器的运行和停止由 TCON 定时器控制寄存器控制。在实际应用系统中，定时器通常用在定时、延时、对外部脉冲计数的场合。该单元通过两个任务学习如何编写程序，实现以下功能。

① 确定其工作方式是定时还是计数。
② 预置定时或计数初值。
③ 判断定时时间到或计数终止。
④ 启动定时或计数器工作。

任务 1　用单片机制作按键次数计数器

3.1.1　任务目标

通过本任务的学习、完成，掌握单片机片内硬件资源定时器/计数器的结构和功能；掌握利用定时器的计数功能对外部脉冲信号计数并显示结果的程序编写步骤及方法。

3.1.2　任务描述

利用单片机内部定时器 T0 的计数功能对 P3.4 引脚外接按键 S2 的按键次数（<99 次）进行计数，并在发光二极管上实时显示，硬件仿真电路如图 3-1 所示。

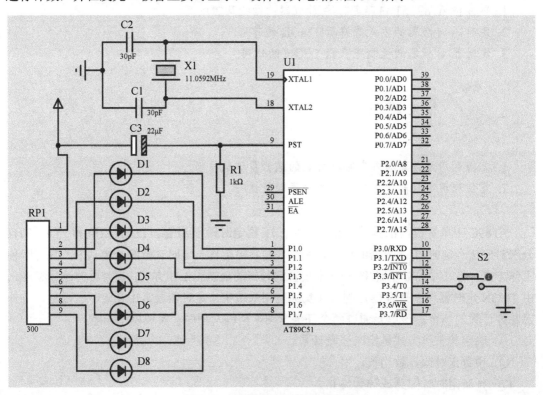

图 3-1　按键次数计数器仿真电路

3.1.3　任务实施

1．利用 Proteus 仿真软件绘制电路原理图

利用 Proteus 仿真软件绘制电路原理图 3-1，绘制原理图时添加的元件见表 3-1。

表 3-1 元件列表

元件编号	元件参考名	元件参数值
C1	CAP	30pF
C2	CAP	30pF
C3	CAP-ELEC	22μF
X1	CRYSTAL	11.0592MHz
D1~D8	LED-RED	
R1	RES	1kΩ
RP1	RESPARK-8	300Ω
U1	AT89C51	
S2	BUTTON	

2．C51 应用程序的编译

```
#include "reg51.h"
#define uchar unsigned char        //宏定义
/*- -编写延时大约 0.5s 的延时函数 delay（）- -*/
void delay（void）
{
    uchar i, j, k;
    for（i=5；i>0；i- -）          //外循环 5 次，每次约 0.1s，共延时 0.5s
    {
        for（j=200；j>0；j- -）    //循环 200 次，每次约 0.5ms，共延时 0.1s
        {
            for（k=250；k>0；k- -）//内循环 250 次，延时约 250*2μs=0.5ms
            {；}
        }
    }
}
/*- -主函数- -*/
void main（void）
{
    unsigned char i，a；
    TMOD=0x06；                  //定时器 T0 工作方式 2，计数功能
    TH0=0x00；                   //T0 计数器高 8 位设置初始值为 0
    TL0=0x00；                   //T0 计数器低 8 位设置初始值为 0
    TR0=1；                      //启动 T0 计数器开始工作
    while（1）
    {
        i=TL0；                  //这里 TL0 的值≤99
        a=i/10；                 //将计数值的十位数字送给 a，占领 a 的低四位，a 的高四位为 0
        a<<=4；                  //将 a 的值左移 4 位，十位数字左移到 a 的高 4 位，低四位补零
        i=a+i%10；               //将十位数字和个位数字的 BCD 码整合成两位压缩的 BCD 码送 i
        P1=~i；                  //将十进制计数值的反通过 P1 输出，灯亮表示对应计数位为 1
```

在 i 的值≤99 时，求 i 值（8 位二进制数）所对应的十进制数的十位数字的算法

通过求余的方法求取 i 所对应的十进制数的个位数字

```
    delay（）;
    }
}
```

3．执行程序观察效果

将编译成功后的.HEX 文件加载到 CPU 并执行程序，单击 S2 按键并观察效果。

3.1.4　相关知识

1．AT89C51 单片机定时器/计数器的结构

AT89C51 单片机定时器/计数器的结构如图 3-2 所示。

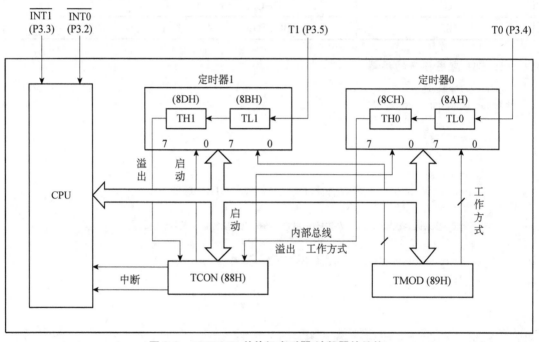

图 3-2　AT89C51 单片机定时器/计数器的结构

从定时器/计数器逻辑结构图可以看出，两个 16 位定时器/计数器 T0 和 T1，分别由 8 位计数器 TH0，TL0 和 TH1，TL1 构成，它们都是以加"1"的方式计数。

特殊功能寄存器 TMOD 控制定时器/计数器的工作方式，TCON 控制定时/计数器的启动运行并记录 T0，T1 的计数溢出标志。

2．定时器/计数器的方式寄存器和控制寄存器

（1）方式寄存器 TMOD

定时器/计数器的方式控制寄存器，是一种可编程的特殊功能寄存器，字节地址为 89H，不可位寻址。复位时，TMOD 所有位均置 0。其中低 4 位控制 T0，高 4 位控制 T1，其格式如下所示：

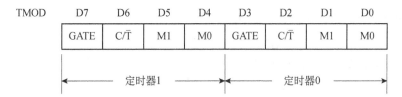

① GATE：门控位。当 GATE=1 时，定时器/计数器 T0 只有在外部 P3.2 引脚信号为高电平，且当运行控制位 TR0 为"1"时开始计数，为"0"时停止计数；定时器/计数器 T1 只有在外部 P3.3 引脚信号为高电平，且当运行控制位 TR1 为"1"时开始计数，为"0"时停止计数。当 GATE="0"时，外部 P3.2，P3.3 引脚信号不参与控制，此时，只要运行控制位 TR0（或 TR1）为"1"，计数器就开始计数，而不管外部 P3.2，P3.3 引脚的电平为高还是为低。

② C/$\overline{\text{T}}$：计数器方式还是定时器方式选择位。当 C/$\overline{\text{T}}$=0 时为定时器方式，其计数器输入为晶振脉冲的 12 分频信号，即对机器周期计数。当 C/$\overline{\text{T}}$=1 时为计数器方式，计数器的触发脉冲来自 T0（P3.4）或 T1（P3.5）端的外部脉冲。

③ M1 和 M0：方式选择位。TMOD 不能位寻址，只能用字节指令设置高 4 位定义定时器 1 的工作方式，低 4 位定义定时器 0 的工作方式。复位时，TMOD 所有位均置"0"。

任务中选择 T0 定时器工作为方式 2，计数功能，而 T1 不工作，所以 TMOD 的高 4 位可以任意设置值（这里选为 0），而 TMOD 的低 4 位为"0110"，所以 TMOD 的初始值为 0x06。程序中通过"TMOD=0x06；"语句直接完成对 T0 的功能和方式的设置。

（2）控制寄存器 TCON

定时器/计数器的控制寄存器，也是一个 8 位特殊功能寄存器，字节地址为 88H，可以位寻址，位地址为 88H～8FH，用来存放控制字，其格式如下所示：

TCON	8FH	8EH	8DH	8CH	8BH	8AH	89H	88H
	TF1	TR1	TF0	TR0	IE1	IT1	IE0	IT0

① TF1（TCON.7）：T1 溢出标志位。当 T1 产生溢出时，由硬件置"1"，可向 CPU 发中断请求，CPU 相应中断后被硬件自动清"0"。也可以由程序查询后清"0"。

② TR1（TCON.6）：T1 运行控制位。由软件置"1"或置"0"来启动或关闭 T1 工作。

③ TF0（TCON.5）：T0 溢出标志位（类同 TF1）。

④ TR0（TCON.4）：T0 运行控制位（类同 TR1）。

⑤ IE1（TCON.3）：外部中断 1 请求标志位。

⑥ IT1（TCON.2）：外部中断 1 触发方式选择位。

⑦ IE0（TCON.1）：外部中断 0 请求标志位。

⑧ IT0（TCON.0）：外部中断 0 触发方式选择位。

TCON 的低 4 位与外部中断有关，与定时器/计数器无关，将在后面的章节中逐一详细介绍。复位后，TCON 的各位均被清"0"。

任务中由于 GATE=0，直接用 TR0=1 来启动和控制 T0 开始计数。

3．定时器/计数器的4种工作方式

（1）方式0（对 T0，T1 都适用）

当软件使方式寄存器 TMOD 中 M1M0=00 时，计数器长度按 13 位工作。图 3-3 表示定时器 1 在方式 0 下的逻辑电路结构图。由 TL1 的低 5 位（TL1 的高 3 位未用）和 TH1 的 8 位构成 13 位计数器。若对于定时器/计数器 T0，只要把图中相应的标示符后缀 1 改为 0 即可。

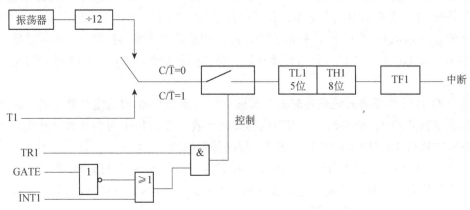

图 3-3　定时器 1 在方式 0 下的逻辑电路结构图

图中，$C/\overline{T}$ 是 TMOD 的控制位，当 $C/\overline{T}$=0 时，选择定时器功能，计数器的计数脉冲信号为晶振的 12 分频信号，即计数器对机器周期计数。当 $C/\overline{T}$=1 时，选择计数器功能，计数器计数脉冲信号为来自外部引脚 P3.5（T1）的脉冲信号。TR1 是 TMOD 的控制位，GATE 是门控位，$\overline{INT1}$ 是外部中断 1 的输入端。当 GATE=1 时和 TR1=1 时，则计数器启动受外部中断信号 $\overline{INT1}$ 的控制，此时，只要 $\overline{INT1}$ 为高电平，计数器便开始计数，当 $\overline{INT1}$ 为低电平时，停止计数。利用这一功能可测量 $\overline{INT1}$ 引脚上正脉冲的宽度。TF1 是定时器/计数器的溢出标志。

当定时器/计数器 T1 按方式 0 工作时，计数输入信号作用于 TL1 的低 5 位；当 TL1 低 5 位计满产生溢出时，向 TH1 的最低位进位；当 13 位计数器计满产生溢出时，使控制寄存器 TCON 中溢出标志 TF1 置"1"，并使 13 位计数器全部清零。此时，如果中断是开放的，则向 CPU 发中断请求。若定时器/计数器将继续按方式 0 工作下去，则应按要求给 13 位计数器赋予初值。

（2）方式1（对 T0，T1 都适用）

当软件使方式寄存器 TMOD 中 M1M0=01 时，计数器长度按 16 位工作，即 TL1，TH1 全部使用，构成 16 位计数器，其控制与操作方式与方式 0 完全相同。

（3）方式2（对 T0，T1 都适用）

当软件使方式寄存器 TMOD 中 M1M0=10 时，定时器/计数器就变为可自动装载计数初值的 8 位计数器。在这种方式下，TL1（或 TL0）被定义为计数器，TH1（或 TH0）被定义为赋值寄存器，其逻辑结构如图 3-4 所示。

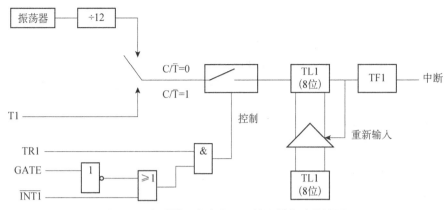

图 3-4　定时器 1 在方式 2 下的逻辑电路结构图

（4）方式 3（只有 T0 适用）

当软件使方式寄存器 TMOD 中 M1M0=11 时，内部控制逻辑把 TL0 和 TH0 配置成 2 个互相独立的 8 位寄存器，如图 3-5 所示。其中 TL0 使用了自己本身的一些控制位，即 $C/\overline{T}$、GATE、TR0、$\overline{INT0}$、TF0，其操作类同于方式 0 和方式 1，可用于计数也可用于定时。但 TH0 只能用于定时器方式，因为它只能对机器周期计数。它借用定时器 T1 的控制位 TR1 和 TF1，因此，TH0 控制定时器 T1 的中断。此时，定时器 1 仅由控制位切换其定时或计数功能。当计数器计满溢出时，只能将输出送往串行口。在这种情况下，定时器 1 一般用作串行口波特率发生器或不需要中断的场合。

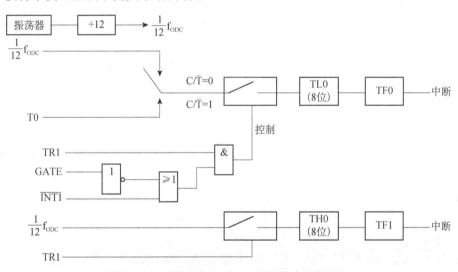

图 3-5　定时器 0 在方式 3 下的逻辑电路结构图

方式 3 只适用于定时器 T0，使其增加一个 8 位定时器。若定时器 T1 选择方式 3，T1 将停止工作，相当于 TR1=0 的情况。当定时器 T0 选择为方式 3 工作时，定时器 T1 仍可工作在方式 0、方式 1、方式 2，适用于任何不需要中断控制的场合。

4．定时器/计数器的初始化

由于定时器/计数器是可编程控制的，因此在定时或计数之前要用程序初始化，初始化步骤如下。

① 确定工作方式——对 TMOD 赋值。

② 预置定时或计数的初值——直接将初值写入 TH0，TL0 或 TH1，TL1。

定时器/计数器的初值因工作方式的不同而不同。设最大计数值为 M，则各种工作方式下的 M 值如下。

- 方式 0：$M=2^{13}=8192$
- 方式 1：$M=2^{16}=65536$
- 方式 2：$M=2^8=256$
- 方式 3：$M=2^8=256$

③ 根据需要开启定时器/计数器中断——直接对 IE 寄存器赋值。

本任务中未采用中断计数方式，因此，没有相关语句。在学习中断时，将讨论这部分内容。

④ 启动定时器/计数器工作——将 TR0 或 TR1 置"1"。

在初始化过程中，要置入定时或计数的初值，要做一点计算。由于计数器是加"1"计数器，并在溢出时产生中断请求，因此不能直接将需要计数的个数直接置入计数器，而应送计数个数的补码数。

置入计数初值 X 可如下计算：

- 计数方式时：$X=M-$计数值（X 即为计数值的补码）
- 定时方式时：$(M-X) \times T=$定时值，故 $X=M-$定时值$/T$

其中，T 为计数周期，是单片机时钟的 12 分频，即单片机机器周期。当晶振为 6MHz 时，T=2μs；当晶振 12MHz 时，T=1μs。

3.1.5 问题讨论

① 能用定时器 T0 的方式 0，1，3 来完成该任务吗？

提示：结论是可以的。由于方式 0 的计数器由 TL0 的低 5 位和 TH0 的 8 位组成 13 位计数器，当计数结果超过 32 时，超过 32 的计数部分保存在 TH0 中，此时要得到整个计数结果比较麻烦，假设计数值仍然没超过 99 次，可以用下面的程序段来得到计数结果：

```
i=TH0;
i=i<<5;
i=i+TL0;  //TL0 的初始值为 0x00，此时 i 的值就是当前按键计数值
```

方式 1 与方式 2 一样，方式 3 只能用 TL0 作为计数器。

② 任务中约定按键次数没超过 99，一旦超过 99 次，一方面显示器位数不够（任务中只能显示两位 BCD 码），另外程序中就要求取百位、十位、个位数字了，然后再分别输出到显示器。所以，如果再增加 4 位二极管显示器，最大可显示 999 次了，相应地计数器可考虑用方式 0、方式 1 比较简单，考虑一下为什么？

③ 本任务只是利用定时器的计数功能来统计按键次数，所以程序中计数器的初始值设置为 0x00，并且计数器在计数过程中没有发生溢出，按键次数就是 TL0 的值。计数器初始

值没有设置为 0 也是可以的，此时按键次数就是 TL0 的当前值减去初始值，这样做就麻烦一些了。

3.1.6 任务拓展

① 试利用定时器 1 完成本任务的功能，并观察仿真结果。

② 根据本任务的设计方法，利用定时器 T0 的计数功能完成实现按键次数≤999 次的统计并显示，设计硬件电路和编写软件实现。

任务 2 用单片机制作秒表

3.2.1 任务目标

通过本任务的学习、完成，掌握利用定时器的定时功能设计定时基准，通过定时基准完成秒表设计并显示结果的程序编写步骤及方法，进一步熟悉 TMOD，TCON 特殊寄存器的作用。

3.2.2 任务描述

通过单片机内部定时器 T1 的定时功能实现 50ms 定时，将 50ms 作为时间基准完成秒表设计，秒时间通过 P1 口外接的 8 个发光二极管以两位 BCD 码形式实时显示，二极管亮表示对应秒值的 BCD 码位为 1。其硬件仿真电路如图 3-1 所示。

3.2.3 任务实施

1．利用 Proteus 仿真软件绘制电路原理图

利用 Proteus 仿真软件绘制电路原理图 3-1。

2．C51 应用程序的编译

根据设计要求初始化 TMOD 特殊寄存器，选定定时器 T1 的工作方式 1，采用软件查询方式判断定时时间是否到。在系统时钟频率取 12MHz 时，利用方式 1 定时最大时间只有 65.536ms。定时器在这里只完成 50ms 定时，定时器的定时与软件计数器相结合能完成 1 秒定时。设置秒计数器统计秒时间，通过将秒计数器的值转化为两位 BCD 码，然后通过 P1 口输出。

```
#include "reg51.h"
#define uchar unsigned char              //宏定义
void main（void）
{    unsigned char i_1s=0，a_50ms=0，a;
```

```
        TMOD=0x10;                          //定时器 T0 工作方式 1，定时功能
        TH1=（65536-50000）/256；           //计算 TH1 计数器高 8 位初始值
        TL1=（65536-50000）%256；           //计算 TL1 计数器低 8 位初始值
        TR1=1；                             //启动 T1 定时器开始工作
        while（1）
         {
          while（TF1==0）;
          TF1=0；                           //这里定时器 T1 的标志位必须清 0
          TH1=（65536-50000）/256；          //重装初始值
          TL1=（65536-50000）%256；          //重装初始值
          a_50ms++;                         //统计 50ms 定时时间到次数加 1
          if（a_50ms==20）
            {i_1s++;                        //1s 时间到，秒计数器加 1
              a_50ms=0；                     //1s 时间到 50ms 计数器清 0
              if（i_1s==60）
                 i_1s=0；                    //60s 时间到秒计数器清 0
            }
          a=i_1s/10;                        //将秒计数值的十位数字送给 a，占领 a 的低四位，a 的高四位为 0
          a<<=4;                            //将 a 的值左移 4 位，十位数左移到 a 的高 4 位，低四位补零
          a=a+i_1s%10;                      //将十位数字和个位数字的 BCD 码整合成两位压缩的 BCD 码送 a
          P1=~a;                            //将十进制计数值的反通过 P1 输出，灯亮表示对应计数位为"1"
         }
}
```

3．执行程序观察效果

将编译成功后的.HEX 文件加载到 CPU，执行程序并观察结果。

3.2.4　相关知识

1．定时器的功能选择和工作方式选择

通过定时器/计数器方式寄存器 TMOD 来选择定时器的功能和工作方式，程序中是利用 T1 定时器方式 1 工作于定时功能，由于 TMOD 的低 4 位用于 T0 的功能和工作方式控制（在这里只要不设置为方式 3 就行），所以程序中 TMOD 的初始化为 0x10，即低 4 位取 0000，高 4 位为 0001，高 4 位具体设置如下：

GATE=0，C/$\overline{\text{T}}$=0，M1M0=01

2．计数器初始值的计算

对方式 1，2，3，可以通过 C 语言丰富的计算功能计算计数器的初始值，而不需手工计算转化为二进制数后赋值给计数器。任务中通过定时器定时 50ms，计数器加"1"需要一个机器周期时间，在时钟频率为 12MHz 时，一个机器周期时间为 1μs，即计数器加"1"需要 1μs 时间。定时器定时 50ms 是指计数器从初始值加 1 到计数器发生溢出所对应的时间，该时间内计数器计数 50 000 次，所以初始值为 65 536-50 000=15 536，这是十进制数，而计数器的初始值是二进制数，程序中语句

TH1=（65536-50000）/256；

TL1=（65536−50000）%256；

就是计算计数器初始值并由编译器将结果转化为二进制数送给对应的计数器。一个 16 位二进制数除以 256 的商就是 16 位二进制数的高 8 位，余数就是低 8 位。

3．定时器/计数器的应用实例

【例3-1】　若单片机晶振为 12MHz，要求产生 500μs 的定时，试计算 X 的初值。

解：由于机器周期 T=1μs，产生 500μs 定时，则需要"+1"500 次，定时器方能产生溢出。

采用定时器 T0，方式 0：

X=2^{13}−（500×10^{-6}s/10^{-6}s）=7692=1E0CH

=1111000001100B

但方式 0 的 TL0 高 3 位是不用的，都设为"0"，这 1E0CH 应写成：

F00CH=1111000000001100B

最后将 F0H 装入 TH0，0CH 装入 TL0。

采用方式 1：

X=2^{16}−（500×10^{-6}s/10^{-6}s）=65036=FE0CH

即将 FEH 装入 TH0，0CH 装入 TL0。

【例3-2】　用定时器 T1，方式 0 实现 1s 的延时。

解：因方式 0 采用 13 位计数器，其最大定时时间为 8192×1μs=8192μs。因此，定时时间可选择为 8ms，再通过设定一个变量作为计数器，计数 125 次实现 1s 的定时；或者定时时间选择为 5ms，变量计数 200 次实现 1s 的定时。

本例选择后者。定时时间选定 5ms 后，再确定计数值为 5000（假定单片机晶振为 12MHz，5ms/1μs=5000），则定时器 1 的初值为

X=M−计数值=8192−5000=3192=C78H=0110001111000B

因 13 位计数器中 TL1 的高 3 位未用，应填写 0，TH1 占高 8 位，所以，X 的实际填写值应为

X=0110001100011000B=6318H

即 TH1=63H，TL1=18H，又因采用方式 0 定时，故 TMOD=00H。

3.2.5　问题讨论

①　任务中利用定时器 T0 的方式 1 完成设定的定时时间 50ms（该时间不超过此方式的最大定时时间），以及 a_50ms（设定的软件计数变量）结合来完成 1s 的定时，定时器每完成一次定时，a_50ms 加 1，直到 a_50ms 的值等于 20，就说明 1s 时间到。实际上，可以灵活设置定时器的定时时间和软件计数变量的终值，只要两者的乘积等于 1s 就行，但要注意定时器的定时时间不能超过某方式的最长定时时间、软件计数变量的取值范围和类型。

②　可以利用定时器 T0 的其他方式完成，同样也可以利用定时器 T1 的方式 0，1，2 完成，程序中的 TMOD 的初始值、计数器及初始值要做相应的更改。

③　程序中是利用 8 个二极管直接显示两位 BCD 码值，如果以 8 位二进制数来实现计数值程序更简单，但显示结果就不直观了。

3.2.6 任务拓展

① 试利用定时器 T1 的方式 1，秒表的时间基准取为 40ms，完成秒表的设计。

② 试利用定时器 T0 的方式 0，秒表的时间基准任选（只要不超过方式 0 的最长时间），完成秒表的设计。

③ 适当修改程序，直接以二进制数显示秒值，比较一下和任务程序及显示效果的区别。

单元检测题 3

一、单选题

1. C51 单片机内部有 2 个_____可编程定时器/计数器。

　　A. 32 位　　　　　　　　　　B. 16 位

　　C. 8 位　　　　　　　　　　 D. 13 位

2. n 位计数器的最大计数 $M=$_____。

　　A. $8n$　　　　　　　　　　　B. 2^8

　　C. $2n$　　　　　　　　　　　D. 2^n

3. 下列 4 个特殊寄存器中，可以位寻址的是_____。

　　A. SCON　　　　　　　　　　B. TMOD

　　C. TL0　　　　　　　　　　　D. TH0

4. 设 T0 为工作方式 1，定时功能，GATE=0。T1 为工作方式 2，计数功能，GATE=0。工作方式寄存器 TMOD 应赋值_____。

　　A. 0x20　　　　　　　　　　 B. 0x60

　　C. 0x21　　　　　　　　　　 D. 0x61

5. T1 的计数溢出标志位是_____。

　　A. TCON 中的 TF0　　　　　　B. TCON 中的 TF1

　　C. TCON 中的 TR0　　　　　　D. TCON 中的 TR1

6. 语句 TR1=1 的作用是_____。

　　A. 启动 T1 计数　　　　　　　B. 启动 T0 计数

　　C. 停止 T1 计数　　　　　　　D. 停止 T0 计数

二、填空题

1. C51 单片机内部的定时器/计数器是_____法计数器；可编程为_____位、_____位或_____位的计数器。

2. TMOD 用于_____，_____位寻址；TCON 用于_____，_____位寻址。

3. T0 或 T1 用于定时功能时，对_____进行计数；用于计数功能时，分别对从芯片引脚_____上输入的脉冲进行计数。

4. 当 TMOD 寄存器中的门控位 GATE=1 时，定时器/计数器的启动和停止由_____和_____共同控制。

5. 当 T0 的计数器计数溢出时，溢出标志 TF0 由硬件自动置_____。采用中断方式处理时，TF0 由_____自动清 0。用查询方式处理时，TF0 只能由_____清 0。

6. T0 为工作方式 0 时，由_____和_____构成 1 个_____位的计数器。

7. 测量正脉冲宽度是利用_____的功能。

三、简答题

1. 简述 C51 定时器/计数器的结构和各部分功能。

2. 简述定时器/计数器的编程步骤。

单元 4 单片机中断系统

知 识 点

1. 单片机 AT89C51 中断系统的结构及组成。
2. 中断允许控制寄存器 IE 的作用。
3. 中断优先级控制寄存器 IP 的作用。
4. 各中断源的中断请求标志位的意义及清零。
5. 中断的响应过程。

技 能 点

1. 掌握外部中断应用的编程步骤及技巧。
2. 掌握利用定时器中断方式完成定时的编程步骤及技巧。
3. 掌握 Proteus 中的虚拟示波器的使用。

本单元通过两个任务阐述 AT89C51 单片机中断系统的结构，讲解与中断系统有关的 TCON，SCON，IE，IP 特殊寄存器的作用，讲解 CPU 中断响应过程；使学生学会利用外部中断处理实时任务，掌握利用内部定时器的溢出中断完成定时的应用程序的编程步骤及方法。

任务 1 按键控制彩灯花样显示

4.1.1 任务目标

用按键（采用外部中断方式）控制彩灯的运行。通过按动按键，彩灯在三种闪亮方式

（左移、右移和自定义花样）之间切换。通过用外部中断的方式对彩灯控制的实现，学会使用单片机的外部中断实现各种控制功能，逐步掌握中断的相关知识和技能。其仿真电路如图 4-1 所示。

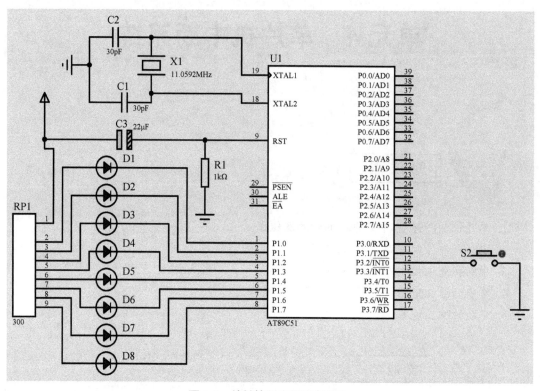

图 4-1　按键控制彩灯仿真电路

4.1.2　任务描述

一旦按下 P3.2 所接按键 S2 后，P3.2 口线上会出现这样两个变化：第一，口线上出现由高到低的变化，即出现下降沿；第二，口线保持低电平，直到松开键为止。由按键控制彩灯按三种规律变化。

4.1.3　任务实施

1. 利用 Proteus 仿真软件绘制电路原理图

利用 Proteus 仿真软件绘制电路原理图 4-1，绘制原理图时添加的元件见表 4-1。

表 4-1　元件列表

元件编号	元件参考名	元件参数值
C1	CAP	30pF
C2	CAP	30pF
C3	CAP-ELEC	22μF

（续表）

元件编号	元件参考名	元件参数值
X1	CRYSTAL	11.0592MHz
D1～D8	LED-RED	
R1	RES	1kΩ
RP1	RESPARK-8	300Ω
U1	AT89C51	
S2	BUTTON	

2．C51 应用程序的编译

键控彩灯是用按键控制彩灯的显示规律地变化。对按键的处理有两种方式，一种方法是不断查询按键，有按键按下时，就进行消去抖动处理，判断是否有按键按下。采用这种方法，在按键查询期间，单片机不能做任何其他操作。第二种方法是每隔一段时间，抽样检测一次，对按键进行判别处理。对于时间较短的脉冲输入方式，采用这种方法可能无效，会造成漏检。为解决这两种方法的缺陷，常采用单片机的外部中断方式实现对中断的处理。

采用中断函数控制彩灯的显示，中断函数与主程序之间的运行，相当于两个程序并行运行，具体的实现方法和实现程序也是多种多样的，如图4-2所示的框图就是其中一种方法。

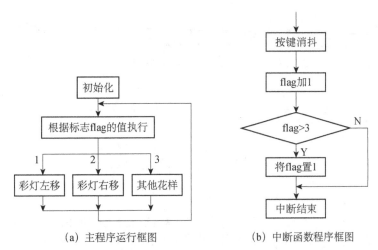

(a) 主程序运行框图　　　(b) 中断函数程序框图

图 4-2　键控彩灯程序框图

源程序如下。

```c
#include "reg51.h"
#define uchar unsigned char
uchar flag;
uchar light, assum;
void delay05s (void)          //延时 0.5s
{
  unsigned char i, j, k;
  for (i=5; i>0; i- -)
    for (j=200; j>0; j--)
```

```c
        for （k=250；k>0；k--）;
    }
void    delay10ms（void）              //延时 10ms
{
    unsigned  char  i, k;
    for （i=20；i>0；i--）
    for （k=250；k>0；k--）;
}
void    left（）                      //左移显示
{
    P1=~light;
    light=light<<1;
    if （light==0）light=0x01;
}
void    right（）                     //右移显示
{
    P1=~light;
    light=light>>1;
    if （light==0）light=0x80;
}
void assume （）
{       /*定义花样显示*/
    uchar   code  dispcode[8]={0x7e, 0xbd, 0xe7, 0xdb, 0x7e, 0xff};
    P1=dispcode[assum];               //输出花样数据
    if （assum==7）   assum=0;        //指向下一个花样数据
    else   assum++;
}
void    main （）
{
    IT0=1;                            //外部中断 0 设置为下降沿触发
    EX0=1;                            //允许外部中断 0 产生中断
    EA=1;                             //中断总允许位设置，允许各中断申请
    flag=1;                           //花样控制变量，初始化左移显示
    light=0x01;                       //左移、右移显示输出变量初始数据
    assum=0;                          //花样显示数组下标变量初始化
    while （1）
      { switch （flag）              //根据变量选择显示模式
            { case  1：left（）；break;
              case  2：right（）；break;
              case  3：assume（）；break;
            }
          delay05s（）;
      }
}
void   int_0 （） interrupt  0
{
    delay10ms （）;                   //延时去抖
```

```
        if（INT0==0）                  //延时去抖后，若 INT0=0 说明确实按了
            {  flag++;
               if（flag>3） flag=1;
            }
        while（INT0==0）;              //等待按键释放
}
```

3．执行程序观察效果

将编译成功后的.HEX 文件加载到 CPU 并执行程序。单击 S2 按键 2 次，并观察效果。

4.1.4 相关知识

1．AT89C51 中断系统概述

CPU 在工作过程中，由于系统内、外某种原因而出现特殊请求，CPU 暂时中止正在运行的原程序，转向相应的处理程序为其服务；待处理完毕，再返回去执行被中止的原程序，这个过程就是中断。引起中断的原因或设备称为中断源。一个计算机系统的中断源会有多个，用来管理这些中断的逻辑称为中断系统。

对于单片机而言，中断的执行相当于一种特殊的程序调用，而中断源是产生这种调用的条件。对于 AT89C51 单片机，中断源有外部中断、内部定时器/计数器中断和串行口中断三种类型。中断函数调用和一般函数调用的主要区别：一般函数调用是程序中预先安排好的，程序中会以语句、表达式或参数的形式调用函数；而中断是随机发生的，只有中断事件发生后，CPU 才会停止正在运行的程序，保护好现场数据转去执行中断任务。

2．AT80C51 中断系统的总体结构

AT80C51 中断系统的总体结构如图 4-3 所示。从图中可知，当中断源有中断请求时，对应的中断标志会锁存在 TCON 或 SCON 控制寄存器中。如果中断允许控制寄存器 IE 的对应位和 EA 位为"1"，则中断源申请中断有效，可以通过中断优先级控制寄存器 IP 控制中断源的优先级。TCON、IE、IP 为单片机内部的特殊寄存器，通过程序对它们的相关位进行设置可对中断实现控制。

3．中断的一般功能

（1）中断的屏蔽与开放

也称为关中断和开中断，这是 CPU 能否接收中断请求的关键。只有在开中断的情况下，CPU 才能响应中断源的中断请求。中断的关闭或开放可由指令控制。

（2）中断响应

在开中断的情况下，若有中断请求信号，CPU 便可从主程序转去执行中断服务子程序，以进行中断服务，同时也像调用一般函数一样保护主程序的断点地址，使断点地址自动入栈，以便执行完中断服务程序后可以返回主程序继续执行。中断系统要能确定各个中断源的中断服务函数的入口地址，如图 4-4 所示。

（3）中断排队

在中断开放的情况下，如果有几个中断同时发生，究竟首先响应哪一个中断，这就有

一个中断优先级排队问题。计算机应该根据中断源的优先级首先响应优先级较高的中断请求。这也是中断系统管理的任务之一。

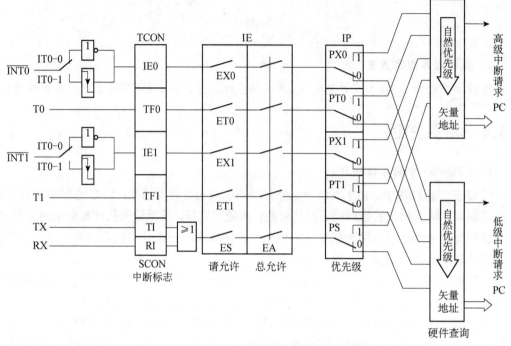

图 4-3 AT89C51 中断系统的总体结构示意图

（4）中断嵌套

当 CPU 在执行某一个中断处理程序时，若有一优先级更高的中断源请求服务，该 CPU 应该能挂起正在运行的低优先级中断处理程序，响应这个高优先级中断。在高优先级中断处理完后能返回低优先级中断，继续执行原来的中断处理程序，这个过程就是中断嵌套，如图 4-5 所示。

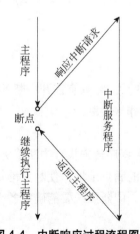

图 4-4 中断响应过程流程图

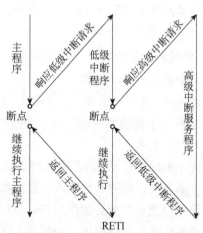

图 4-5 中断嵌套流程图

4．中断源和中断标志

（1）中断源

AT89C51 单片机设置了 5 个中断（52 系列有 6 个），外部有 2 个中断请求输入：$\overline{\text{INT0}}$（P3.2）和 $\overline{\text{INT1}}$（P3.3）；内部有 3 个中断请求：定时器/计数器 T0，T1 的溢出中断和片内串行口中断。当系统产生中断时，5 个中断请求标志分别由特殊功能寄存器 TCON 和 SCON 的相应位来锁存。

（2）中断标志

有关 TCON 的每一位，在单元 3 中已介绍。下面介绍串行口控制寄存器 SCON（存放串行口中断标志）。

SCON 为串行口控制寄存器，当串行口发生中断请求时，其低两位锁存串行口的发送中断和接受中断请求标志，其格式如下所示：

						TI	RI

① TI：串行口发送中断标志。当 CPU 向串行口的发送数据缓冲器 SBUF 写入一个数据时，发送器就开始发送。当发送完一帧数据后，由硬件置"1"TI，表示串行口正在向 CPU 请求中断。值得注意的是，当 CPU 响应中断，转向串行口中断服务时，硬件不能自动清零 TI 标志，而必须在中断服务程序中由指令清零。

② RI：串行口接收中断标志。若串行口接收器允许接收，当接收器接收到一帧数据后，RI 置"1"，表示串行口接收器正在向 CPU 请求中断；同样 RI 必须在用户中断服务程序中由指令清零。

AT89C51 复位后，SCON 被清零。

5．中断允许寄存器 IE 和中断优先级寄存器 IP 的用途及设置

如前所述，通过对触发方式选择位 IT0，IT1 的编程，可以选择外部中断输入信号 $\overline{\text{INT0}}$，$\overline{\text{INT1}}$ 的触发方式是低电平有效，还是边沿触发有效。那么，也可以通过对特殊功能寄存器 IE 的编程，选择哪几个中断是被禁止的或允许的；而这些被允许的中断又可以通过对中断优先级寄存器 IP 的编程，以定义为高优先级或低优先级。这样，便可以通过有关的控制寄存器的有关位，加强对中断的合理控制，使系统高效而有秩序地工作。

下面分别对 IE 和 IP 做具体介绍。

（1）中断允许寄存器 IE（存放中断允许字）

IE 各位定义如下：

EA	/	/	ES	ET1	EX1	ET0	EX0

① EA：CPU 中断总允许位。EA=1，CPU 开中断；EA=0，CPU 禁止所有中断。

② ES：串行口中断允许位。ES=1，开放串行口中断；ES=0，禁止串行口中断。

③ ET1：定时器/计数器 T1 溢出中断允许位。ET1=1，开 T1 中断；ET1=0，禁止 T1 中断。

④ EX1：外部中断 $\overline{\text{INT1}}$ 允许位。EX1=1，开 $\overline{\text{INT1}}$ 中断；EX1=0，禁止 $\overline{\text{INT1}}$ 中断。

⑤ ET0：定时器/计数器 T0 溢出中断允许位。ET0=1，开 T0 中断；ET0=0，禁止 T0 中断。

⑥ EX0：外部中断$\overline{INT0}$允许位。EX0=1，开$\overline{INT0}$中断；EX0=0，禁止$\overline{INT0}$中断。

AT89C51复位时，IE被清除为"0"。对中断进行管理，必须对IE设置初始值，对各中断源开中断或关中断的实行控制。

任务中使用了外部中断0，所以开了外部中断0和总中断，相关语句为

EX0=1；

EA=1；

（2）中断优先级寄存器IP（存放中断优先字）

AT89C51的中断分两个优先级，对于每一个中断源，都可通过对IP编程以定义为高优先级或低优先级中断，以便实现二级中断嵌套。IP的各位定义如下：

/	/	/	PS	PT1	PX1	PT0	PX0

① PS：串行口优先级设定位。PS=1，串行口设定为高优先级；PS=0，串行口设定为低优先级。

② PT1：定时器/计数器T1优先级设定位。PT1=1，T1设定为高优先级；PT1=0，T1设定为低优先级。

③ PX1：外部中断$\overline{INT1}$优先级设定位。PX1=1，$\overline{INT1}$设定为高优先级；PX1=0，$\overline{INT1}$设定为低优先级。

④ PT0：定时器/计数器T0优先级设定位。PT0=1，T0设定为高优先级；PT0=0，T0设定为低优先级。

⑤ PX0：外部中断$\overline{INT0}$优先级设定位。PX0=1，$\overline{INT0}$设定为高优先级；PX0=0，$\overline{INT0}$设定为低优先级。

AT89C51复位后，IP被清除为"0"，即中断源均定义为低优先级中断。要确定各中断源的优先级，必须由用户对IP编程。若要改变各中断源在系统中的优先级，则可随时由指令来修改IP内容。

任务中没有对IP设置初始值的语句，是因为只用了一个中断，中断的优先级设定就没有意义了，采用了复位时PX0=0，即自动设置为低优先级。

（3）中断优先级结构

对IP寄存器的编程，可以为5个中断规定为高、低优先级，它们遵循两个基本规则。

① 一个正在执行的低级中断服务程序，能被高优先级中断请求所中断，但不能被同优先级中断请求所中断。

② 一个正在执行的高优先级中断服务程序，不能被任何中断请求所中断。返回主程序后，要再执行一条指令才能响应新的中断请求。

为实现这两个规则，中断系统内部设置两个不可寻址的"优先级状态"触发器。当其中一个状态为"1"时，表示正在执行高优先级中断服务，它禁止所有其他中断；只有在高级中断服务返回时，被清"0"，表示可响应其他中断。当另一个状态为"1"时，表示正在执行低优先级中断服务程序，它屏蔽其他同级中断请求，但不能屏蔽高优先级请求。在中断服务返回时，被清"0"。

AT89C51有5个中断源，但只有两个优先级，必然会有几个中断请求源处于同样的优

先级。当 CPU 同时收到几个同样的优先级中断请求时，由于 AT89C51 内部有一个硬件查询逻辑，它的查询顺序是：

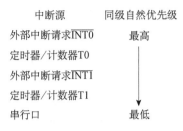

中断源	同级自然优先级
外部中断请求INT0	最高
定时器/计数器T0	
外部中断请求INT1	
定时器/计数器T1	
串行口	最低

因此，CPU 将根据查询顺序来响应这些中断请求。

6．中断响应过程

AT89C51 单片机 CPU 在每一个机器周期顺序查询每一个中断源，在机器周期的 S5P2 状态采样并按优先级处理所有被激活的中断请求。若没有被下述条件所阻止，将在下一个机器周期的 S1 状态响应最高级中断请求。

① CPU 正在处理同级或高优先级中断。

② 现行的机器周期不是所执行指令的最后一个机器周期。

③ 正在执行的指令是 RETI，或者访问 IE 或 IP（即在 CPU 执行 RETI 或访问 IE、IP 的指令后，至少需要再执行一条指令，才会响应新的中断请求）。

若存在上述任一种情况，中断将暂时受阻；若不存在上述情况，将在紧跟的下一个机器周期执行这个中断。

CPU 响应中断时，首先要完成这样几件工作：其一，先置位相应的"优先级状态"触发器（该触发器指出 CPU 当前处理的中断优先级别），以阻断同级或低级中断请求；其二，自动清除相应的中断标志（TI 或 RI 除外）；其三，自动保护断点，将现行程序计数器 PC 内容压入堆栈，并根据中断源把相应的矢量单元地址装入 PC。各中断源的矢量地址及在 C51 中对应的中断号见表 4-2。

表 4-2　中断源的矢量地址和中断号

中断源	矢量地址	中断号
外部中断 INT0	0003H	0
定时器/计数器 T0 溢出	0000BH	1
外部中断 INT1	0013H	2
定时器/计数器 T1 溢出	001BH	3
串行口	0023H	4

7．中断程序的编制

① 首先必须对中断系统进行初始化，包括以下内容。

● 开中断，即设定 IE 寄存器。例如，任务中：

EX0=1;　　　　　　//允许外部中断 0 产生中断

EA=1；   //开总中断
- 设定中断优先级，即设置 IP 寄存器。
- 如果是外部中断，还必须设定中断触发方式，即设定 IT0，IT1 位。例如，任务中：

IT0=1；   //外部中断 0 设置为下降沿触发
- 如果是计数、定时中断，必须先设定定时、计数的初始值。例如：

TH0=（65536-5000）/256；   //高 8 位的初始值

TL0=（65536-5000）%256；   //低 8 位的初始值
- 初始化结束后，对于定时器、计数器而言，还应该记得启动定时或计数，即设定 TR0，TR1 位。串口接收中断，允许接收位 REN 应该设置。例如：

TR0=1；

② 中断初始化结束后，就可以编制主程序的其他部分及中断服务程序。编制中断服务程序时，注意 AT89C51 中的中断服务程序的格式：

函数类型　函数名（参数）interrupt　中断号〔using　寄存器组号〕

其中，函数类型和参数都取为 void；interrupt 为中断函数的关键词；中断号指明编写的是哪一个中断源的中断函数，寄存器组号告诉编译系统中断函数中采用哪一组工作寄存器。

4.1.5　问题讨论

① 按键接在 P3.3 引脚上，利用外部中断 1 能完成任务的功能吗？

提示：能。不过中断函数要换成外部中断 1 的函数，按键去抖动要判断 P3.3 的引脚电平；主函数中关于外部中断 0 的初始化，要换成外部中断 1 的初始化。

② 该任务程序的核心是根据按键次数来控制调用相应函数，从而实现彩灯显示规律的变化。可以用定时器的计数中断功能来完成任务吗？

提示：能。要考虑用哪个定时器，定时器采用哪种工作方式比较简单，主函数和中断函数也要做相应改变。

4.1.6　任务拓展

① 利用外部中断 1 完成任务，观察仿真结果。

② 利用定时器的计数中断功能完成任务，观察仿真结果。

任务 2　用单片机构成 100Hz 方波发生器

4.2.1　任务目标

使用 AT89C51 单片机，利用定时中断实现从 P2.0 输出 100Hz 的方波。通过本任务的学习，掌握利用单片机内部定时器的定时功能完成定时的程序编写方法，进一步掌握中断系统的功能和编程。

4.2.2 任务描述

编写程序实现在 P2.0 引脚上输出 100Hz 的方波，并通过 Proteus 的虚拟示波器观察波形。其仿真电路如图 4-6 所示。

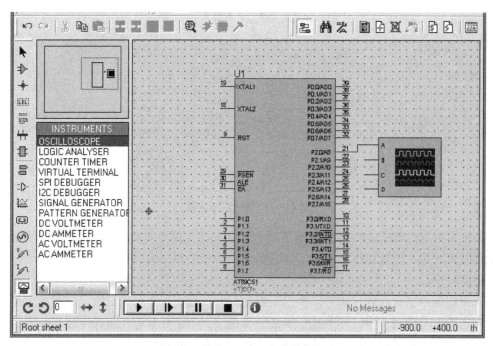

图 4-6 输出 100Hz 方波仿真电路

4.2.3 任务实施

1．利用 Proteus 仿真软件绘制电路原理图

利用 Proteus 仿真软件绘制电路原理图 4-6，绘制原理图时添加的元件见表 4-3。

表 4-3 元件列表

元件编号	元件参考名	元件参数值
U1	AT89C51	
示波器	OSCILLOSCOPE	

绘制原理图时添加虚拟示波器，如图 4-7 所示。

2．C51 应用程序的编译

从 P2.0 输出 100Hz 的方波，实际上就是要求从 P2.0 输出周期为 10ms 的方波。就是在单片机中实现 5ms 的定时，每次定时时间到时，改变 P2.0 电平就可以。引脚电平的改变，使用取反指令就可以完成，具体的指令如"P20=～P20；"。

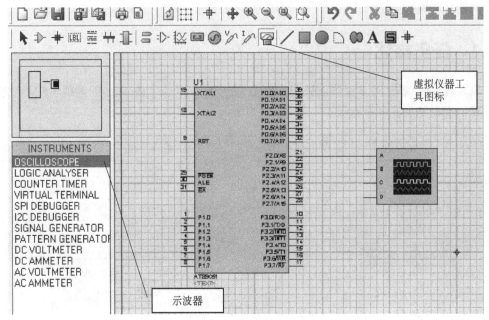

图 4-7　添加虚拟示波器

使用单片机内部的定时器/计数器进行 5ms 的定时，需要对定时器/计数器进行初始化。启动定时器之后，计数器自动计数，达到 5ms 后，计数器出现计数溢出，产生中断，响应中断服务程序。

采用定时中断时，单片机可以执行正常的程序，由硬件定时。只有当定时时间到时，才中断正在执行的主程序，转去执行中断服务程序。中断服务程序执行完成后，自动回到主程序的中断点继续执行被中断的程序。相对于指令延时的定时方式，采用中断可以极大地提高单片机的利用率。

```c
#include "reg51.h"
#define  uchar  unsigned  char
sbit   P20=P2^0;                    //定义输出引脚
void   main（）
{    TMOD=0x01；                     //设置定时器 T0 工作于方式 1
     TH0=（65536-5000）/256；        //高 8 位的初始值
     TL0=（65536-5000）%256；        //低 8 位的初始值
     ET0=1；                        //允许定时器 0 产生中断
     EA=1；
     TR0=1；                        //开始计数
     while（1）
       {  ；
       }
   }
void   time0（）interrupt  1
{    TH0=（65536-5000）/256；        //重装初始值
```

```
    TL0=（65536-5000）%256;
    P20=~P20;
}
```

3．执行程序观察效果

将编译成功后的.HEX 文件加载到 CPU，执行程序并通过示波器观察波形。

4.2.4　相关知识

1．TMOD 初始值的确定

任务中利用定时器的定时功能，采用方式 1 工作。根据单元 3 知识，可以确定 TMOD 的高 4 位为 0000，低 4 位为 0001，所以程序中语句为

```
TMOD=0x01;
```

2．计数器初始值的计算与确定

在时钟频率为 12MHz 时，要定时 5ms，单片机内部定时器要计数 5 000 次，则计数器的初始值计算与赋值为

```
TH0=（65536-5000）/256;      //高 8 位的初始值
TL0=（65536-5000）%256;      //低 8 位的初始值
```

3．开中断

根据本单元任务 1 介绍的知识可知，要开定时器 T0 中断，必须初始化 ET0,EA 为"1"，如程序中语句：

```
ET0=1;        //允许定时器 0 产生中断
EA=1;         //开总中断
```

4．启动定时器 T0 开始计数

通过设置 TCON 控制寄存器的 TR0 为"1"，就启动计数器从初始值开始计数，具体实现语句如下：

```
TR0=1;        //开始计数
```

5．响应定时器 T0 的溢出中断

启动定时器工作以后，计数器开始从初始值加 1 计数，当计数器计数满溢出时，由内部硬件电路置 TF0=1 向 CPU 申请中断。由于 CPU 事先开了 T0 中断，所以 CPU 响应 T0 溢出中断，即进入到编写好的 T0 溢出中断函数执行程序。响应中断时，由硬件自动对 TF0 清零。另外，由于定时器发生溢出时，计数器的值为"0"，如果此时不重新装初始值，计数器下一次就会从 0 开始计数。所以，任务中在中断函数里有语句

```
TH0=（65536-5000）/256;        //高 8 位的初始值
TL0=（65536-5000）%256;        //低 8 位的初始值
```

就是给计数器重装计数初值。

6．调整示波器观察输出波形

将执行程序装载到 CPU 后，单击执行程序工具图标，就能自动打开示波器窗口，如图 4-8 所示。

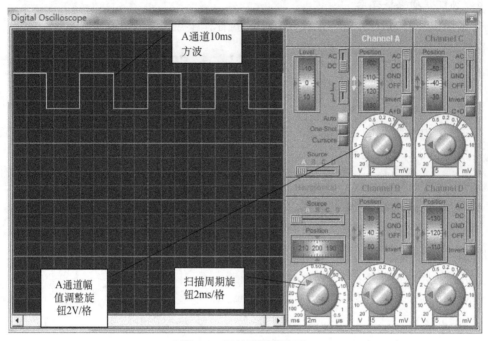

图 4-8 示波器测试波形

4.2.5 问题讨论

① 本任务是利用定时器 T0 的方式 1 来完成定时功能，产生 5ms 的定时中断来控制单片机引脚电平的切换，从而在引脚产生方波信号。同样，也可以利用 T1 的方式 1 来完成任务。

② 本任务也可以利用定时器的其他方式实现。如果利用方式 0，计数器的初始值必须手工计算，转换为二进制数并按照计数器的组成，构造计数器的初始值；如果用方式 2，必须和软件计数器变量结合来完成定时。想一想，为什么？

4.2.6 任务拓展

① 利用定时器的定时中断方式产生 1Hz 的方波。

② 利用定时器的定时中断方式产生 100Hz 的矩形波，其中高低电平的占空比 1∶4。

单元检测题 4

一、单选题

1. 在中断处理过程中，中断服务程序处理完成时，再回到主程序被打断的地方继续运行。主程序被打断的地方称为_____。

    A. 中断源   B. 入口地址   C. 中断矢量   D. 断点

2. C51 单片机中断系统有_____个中断源。

    A. 1   B. 2   C. 4   D. 5

3. TCON 中的_____位用来选择外部中断 0 的触发方式。

    A. IT0   B. IT1   C. IE0   D. IE1

4. 关于中断优先级，下面说法不正确的是_____。

A. 低优先级可被高优先级中断

B. 高优先级不能被低优先级中断

C. 任何一种中断一旦得到响应，不会被它的同级中断源所中断

D. 外部中断 0 的自然优先级最高，任何时候它都可以中断其他 4 个中断源正在执行的服务

5. 中断函数定义时，中断类型号的取值范围是_____。

    A. 0，1   B. 0～256   C. 0～31   D. 0～4

6. _____中断请求，CPU 在响应中断后，必须在中断服务程序中用软件将其清除。

    A. T0   B. T1   C. 外部中断   D. 串行口中断

7. 总中断允许控制位是_____。

    A. ES   B. ET1   C. EX1   D. EA

二、填空题

1. 中断是一种使 CPU 中止_____而转去处理_____的操作。

2. AT89C51 的中断系统有_____个中断源，_____个中断优先级，可实现_____级中断服务程序嵌套。

3. 当系统复位后，IP 低 5 位全部清 0，所有中断源都设定为_____。

三、简答题

1. 简述 AT89C51 单片机 5 个中断源在什么情况下中断标志位置 1，向 CPU 申请中断。

2. 简述中断初始化完成的功能。

单元 5　单片机串行口

知识点

1. 单片机 AT89C51 串行口的结构及组成。
2. 串行口控制寄存器 SCON 的作用。
3. 数据缓冲器 SBUF 的作用。
4. 串行通信波特率的设定。

技能点

1. 掌握利用串行口方式 0 扩展并行输出口和输入口的方法。
2. 掌握利用串行口方式 1 实现双机异步通信的方法。
3. 掌握利用串口中断方式和查询方式的软件编写的技巧。

　　本单元通过 3 个任务详细讲解单片机的串行口的工作方式及其原理，讲解与串行口有关的 SCON，SBUF，PCON 特殊寄存器每一位的作用。通过学习，掌握利用串行口的方式 0 扩展并行输出口和输入口涉及的硬件和软件设计的知识和技巧，掌握用串行口方式 1 实现双机异步通信的软件设计方法。

任务 1　用单片机串行口扩展输出口

5.1.1　任务目标

　　利用串行口方式 0 扩展并行输出口驱动数码管显示器显示数字。通过完成该任务，了解单片机内部串行口的结构，学习和掌握与串行口功能有关的 SCON，SBUF 的特殊寄存器的作用和正确使用方法。

5.1.2　任务描述

利用串行口方式 0 外接两片 74HC595 串行输入并行输出寄存器，用于扩展 16 位并行输出接口，外接 2 位数码管显示器，分别显示 9～0。其具体接线仿真电路如图 5-1 所示。

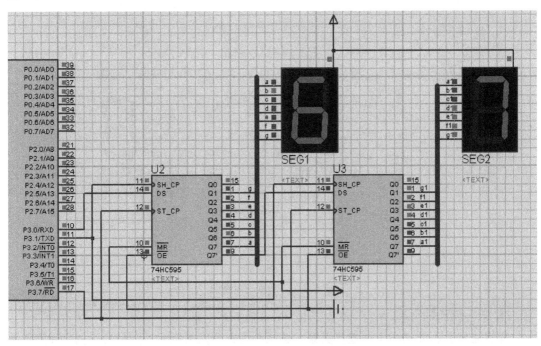

图 5-1　外接两片 74HC595 扩展输出口的仿真电路

5.1.3　任务实施

1. 利用 Proteus 仿真软件绘制电路原理图

利用 Proteus 仿真软件绘制电路原理图 5-1，绘制原理图时添加的元件见表 5-1。

表 5-1　元件列表

元件编号	元件参考名	元件参数值
C1	CAP	30pF
C2	CAP	30pF
C3	CAP-ELEC	22μF
X1	CRYSTAL	11.0592MHz
SEG1，SEG2	7SEG-COM-ANODE	
R1	RES	1kΩ
U2，U3	74HC595	
U1	AT89C51	

① 绘制总线电路图如图 5-2 所示。

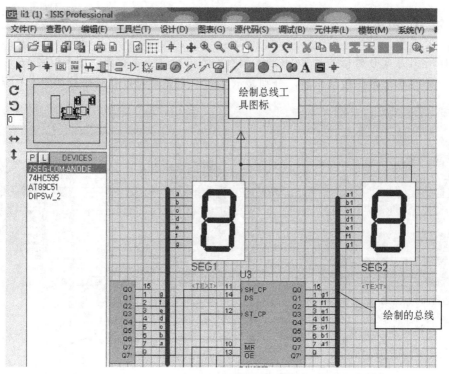

图 5-2　绘制总线电路图

② 添加网络标号。

光有总线并不能描述电路连接关系，总线必须配备网络标号，才能真正描述线路连接关系。放置网络标号工具图标如图 5-3 所示。

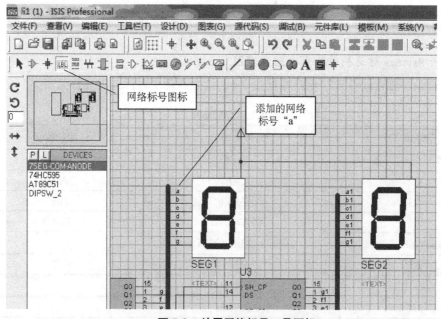

图 5-3　放置网络标号工具图标

③ 在要放置网络标号的连线上执行添加网络标号命令，将弹出对话框如图 5-4 所示。

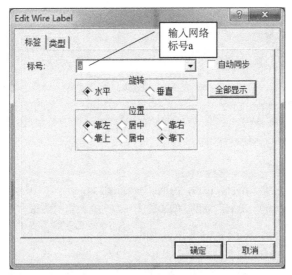

图 5-4　添加网络标号对话框

2.C51 应用程序的编译

利用串行口的方式 0 扩展并行输出口，在硬件上要外接串入并出的移位寄存器，在软件上要初始化串行口控制寄存器 SCON，设置串行口的工作方式为方式 0。利用串行口输出数据，要通过单片机的 P3.0（RXD）引脚输出，P3.1（TXD）引脚用于提供同步移位脉冲输出。CPU 把要输出的显示数据写入到串行口数据缓冲器，启动串口工作。当 8 位数据输出完毕后，发送中断标志位 TI=1，CPU 根据 TI 标志位是否为"1"，判断一个字节的数据是否发送完成。当 TI=1 时，要由软件对 TI 清零。

（1）利用软件查询 TI 标志，实现程序功能

其主函数流程图如图 5-5 所示。

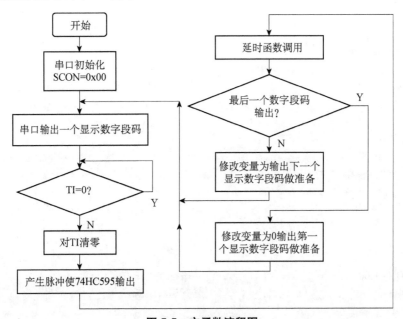

图 5-5　主函数流程图

```
#include "reg51.h"
#define uchar unsigned char
sbit P3_7=P3^7;
void delay（）
{   uchar i, j, k;
    for（i=0；i<200；i++）
      for（j=0；j<200；j++）
        for（k=0；k<5；k++）;
}
void main（）
{     uchar seg[10]={ 0x90, 0x80, 0xf8, 0x82, 0x92, 0x99,
                      0xb0, 0xa4, 0xf9, 0xc0}, i;     //9~0 共阳段码值
      SCON=0x00;                        //串行口工作方式 0
      i=0;
      for（;;）
        {   SBUF=seg[i];                //串口输出显示段码
            while（TI==0）;             //TI=0 等待，说明没发送完；TI=1 结束等待
            TI=0;                       //当 TI=1 时，一个字节数据发送完后清零
            P3_7=0;                     //P3_7 引脚产生上升沿控制 74HC595 输出数据
            P3_7=1;
            delay（）;
            i++;
            if（i==10）i=0;

        }
}
```

（2）利用串口中断方式完成程序功能

具体程序如下：

```
#include "reg51.h"
#define uchar unsigned char
uchar code seg[10]={ 0x90, 0x80, 0xf8, 0x82, 0x92, 0x99,
0xb0, 0xa4, 0xf9, 0xc0};                    //9~0 共阳段码值
sbit P3_7=P3^7;
uchar s_i=0;
void delay（）
{   uchar i, j, k;
    for（i=0；i<200；i++）
      for（j=0；j<200；j++）
        for（k=0；k<5；k++）;
}
void main（）
{
      SCON=0x00;                        //串行口工作方式 0
      ES=1;                             //开串口中断
      EA=1;
      SBUF=seg[s_i];                    //串口输出显示段码
```

```
    while（1）
    { ;                          //等待中断
      }
}
void serial（）interrupt 4
{
    TI=0;                        //清 TI 标志
    P3_7=0;                      //P3.7 产生脉冲控制 74HC595 输出数据
    P3_7=1;
    delay（）;
    s_i++;                       //为输出下一个数据做准备
    if（s_i==10）s_i=0;          //9~0 都已经输出，又从 9 开始输出
    SBUF=seg[s_i];               //串口输出下一个显示段码
}
```

3．执行程序观察效果

将编译成功后的.HEX 文件加载到 CPU，执行程序并观察效果。

5.1.4 相关知识

1．数据通信的传输方式

一般把计算机与外界的信息交换称为通信。最基本的通信方法有串行通信和并行通信两种，如图 5-6 所示。

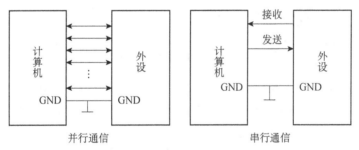

图 5-6 并行通信与串行通信

并行通信是指一个数据的各个位用多条数据线同时进行传送的通信方式。其优点是传送速度很快；缺点是一个并行数据有多少个位，就需要多少根传输线，只适用于近距离传送，对于太远的距离，传输成本太高，一般不采用。

串行通信是指一个数据的各位逐位顺序传送的通信方式。其优点是仅需单线传输信息，特别是数据位很多和远距离数据传送时，这一优点更为突出。串行通信方式的主要缺点是传送速度较低。

串行通信可分为同步通信和异步通信两类。

同步通信是一种连续串行传送数据的通信方式，它将数据分块传送。在每一个数据块的开始处要用 1 或 2 个同步字符，使发送与接收双方取得同步，如图 5-7 所示。

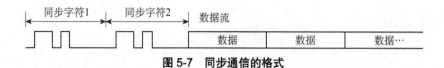

图 5-7　同步通信的格式

在同步通信中，由同步时钟来实现发送和接收的同步。在发送时要插入同步字符，接收端接收到同步字符后，开始接收串行数据位。发送端在发送数据流过程中，若出现没有准备好数据的情况，便用同步字符来填充，一直到下一字符准备好为止。数据流由一个个数据组成，称为数据块。每一个数据可选 5～8 个数据位和一个奇偶校验位。此外，整个数据流可进行奇偶校验或循环冗余校验（CRC）。同步字符可以采用统一的标准格式，也可自由约定。

同步通信的数据传送速率较高，一般适合于传送大量的数据。

异步通信是指通信时发送设备与接收设备使用各自的时钟控制数据的发送和接收过程，这两个时钟彼此独立，互不同步。数据通常是以一个字（也称为字符）为单位组成字符帧传送的。字符帧由发送端一帧一帧地发送，每一帧数据均是低位在前，高位在后，通过传输线被接收端一帧一帧地接收。

在异步通信中，接收端是依靠字符帧格式来判断发送端是何时开始发送、何时结束发送的。字符帧也叫数据帧，由起始位、数据位、校验位和停止位等四部分组成，其典型的格式如图 5-8 所示。

图 5-8　异步通信的格式

在上述帧格式中，一个字符的传送由起始位开始，至停止位结束。

① 起始位：位于字符帧开头，为逻辑低电平信号，只占一位，用于向接收端表示发送端开始发送一帧信息，应准备接收。

② 数据位：紧跟起始位之后，通常为 5～8 位字符编码。发送时低位在前，高位在后。

③ 奇偶校验位：位于数据位之后，仅占 1 位，用来表示通信中采用奇校验还是偶校验。

④ 停止位：位于字符帧最后，表示字符结束。其为逻辑高电平信号，可以占 1 位或 2 位。接收端接收到停止位，就表示这一字符的传送已结束。

在异步通信中，两相邻字符帧可以通过空闲位来间隔，使用中可以没有空闲位，也可以有若干空闲位。

由于异步通信中的每帧都要加上起始位和停止位，所以通信速度相对同步来说较慢，但是它的间隔时间可以任意改变，使得它的使用非常自由。在小数据量且间隔时间不定的通信中，往往采用异步串行通信。

在一帧信息中，每一位的传送时间（位宽）是一定的，用 **Td** 表示，**Td** 的倒数称为波特率。波特率是串行通信中的一个重要概念，只有当通信双方采用相同的波特率时，通信才不会发生混乱。波特率表示每秒传送的位数。例如，当采用 8 位数据的异步串行通信（这时每个字符加上起始位和停止位，一共为 10 位），且每秒发送 120 个字符时，波特率为：10 位/字符×120 字符/秒=1200 位/秒；每一位的传送时间 T_d =1/1200=0.833（ms）。

波特率用于表征数据传输的速度，波特率越高，数据传输速度越快。但波特率和字符的实际传输速率不同。字符的实际传输速率是每秒内所传字符帧的帧数，和字符帧格式有关。通常，异步通信的波特率为 50～9600 位/秒（b/s）。

在串行通信中，按照信息传送的方向，可以分为单工、半双工和全双工三种方式。

单工方式指只能单方向传送信息，如图 5-9（a）所示。

半双工方式下，每个站都由一个发送器和一个接收器组成，如图 5-9（b）所示。在这种制式下，信息能从甲站传送到乙站，也可以从乙站传送到甲站，即能双向传送信息；但在同一时间，信息只能向一个方向传送，而不能同时在两个方向上传送。

全双工通信系统的每端都有发送器和接收器，能同时实现信息的双向传送，如图 5-9（c）所示。

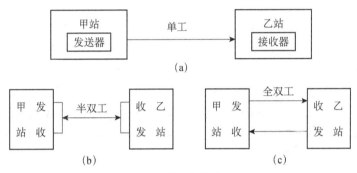

图 5-9　串口传送方式

2．与串行口相关的控制寄存器

AT89C51 单片机串行口的控制寄存器有两个，分别是特殊功能寄存器 SCON 和电源控制寄存器 PCON。

（1）特殊功能寄存器 SCON

AT89C51 对串行通信方式的选择、接收和发送及串行口的状态标志等均由串行口控制寄存器 SCON 控制和指示。SCON 可以位寻址，字节地址为 98H。单片机复位时，其所有位均为"0"。其控制字格式如图 5-10 所示。

SCON	9FH	9EH	9DH	9CH	9BH	9AH	99H	98H
	SM0	SM1	SM2	REN	TB8	RB8	TI	RI

图 5-10　SCON 控制字格式

① SM0，SM1：串行方式选择位，用于设定串行口的工作方式。两个选择位对应四种通信方式，如表 5-2 所示。

表 5-2　串行口工作方式

SM0	SM1	工作方式	功能说明	波特率
0	0	方式 0	同步移位寄存器	$f_{osc}/12$

（续表）

SM0	SM1	工作方式	功能说明	波特率
0	1	方式 1	8 位数据 UART	可变（T_1 溢出率/n）
1	0	方式 2	9 位数据 UART	$f_{osc}/64$ 或 $f_{osc}/32$
1	1	方式 3	9 位数据 UART	可变（T_1 溢出率/n）

② SM2：多机通信控制位，主要用于允许方式 2 和方式 3 进行多机通信。在方式 2 和方式 3 处于接收方式时，若 SM2=1，且接收到的第 9 位数据 RB8 为 "0" 时，不激活 RI；若 SM2=1，且 RB8=1 时，则置 RI=1。在方式 2，3 处于接收或发送方式时，若 SM2=0，不论接收到的第 9 位 RB8 为 "0" 还是为 "1"，TI，RI 都以正常方式被激活。在方式 1 处于接收时，若 SM2=1，只有收到有效的停止位后，RI 置 "1"。在方式 0 中，SM2 应为 "0"。

③ REN：允许串行接收位，由软件置位清零。REN=1 时，允许接收；REN=0 时，禁止接收。

④ TB8：在方式 2 和方式 3 时，将发送的第 9 位数据放入 TB8。根据需要，由软件置位或清零。在方式 0 和方式 1 中，该位未使用。可作为奇偶校验位；也可在多机通信中，作为区别地址帧或数据帧的标志位。一般约定，是地址帧时 TB8 为 "1"，是数据帧时 TB8 为 "0"。

⑤ RB8：在方式 2 和方式 3 时，将接收到的第 9 位数据放入 RB8；也可约定作为奇偶校验位，以及在多机通信中区别地址帧或数据帧。在方式 2 或方式 3 的多机通信中，若 SM2=1，如果 RB8=1，表示地址帧。在方式 1 中，若 SM2=0，RB8 中存放的是已收到的停止位。在方式 0 中，该位未使用。

⑥ TI：发送中断标志位。在方式 0 中，发送完 8 位数据后，由硬件置位；在其他方式中，在发送停止位之初，由硬件置位。因此，TI 是发送完一帧数据的标志，可由软件来查询 TI 的状态。TI=1 时，也可向 CPU 申请中断；CPU 响应中断后，必须由软件清零。

⑦ RI：接收中断标志位。在方式 0 中，接收完 8 位数据后，由硬件置位；在其他方式中，在接收停止位的中间由硬件置位。同 TI 一样，也可以通过软件来查询是否接收完一帧数据。RI=1 时，也可申请中断；响应中断后，RI 必须由软件清零。

程序中语句

```
SCON=0x00;
```

就是对 SCON 初始化，使 SM0，SM1 为 "00"，TI，RI 为 "00"，其他位的状态与方式 0 无关，这里取 "0"。

（2）电源控制寄存器 PCON

PCON 主要是为 CHMOS 型单片机的电源控制而设置的专用寄存器，不可以位寻址，字节地址为 87H。在 HMOS 型的单片机中，PCON 除了最高位以外，其他的位均无意义。其格式如图 5-11 所示。

PCON

SM0D	×	×	×	GF1	GF0	PD	IDL

图 5-11　PCON 各位定义

与串行通信有关的只有 SMOD 位。SMOD 为波特率选择位。在方式 1，2 和 3 时，串行通信的波特率与 SMOD 有关。当 SMOD=1 时，通信波特率乘以 2；当 SMOD=0 时，波特率不变。

（3）发送和接收数据缓冲器 SBUF

串口缓冲器 SBUF 是由发送缓冲器和接收缓冲器组成的，在单片机中占有同一个字节地址（99H），可同时发送和接收数据。单片机在执行指令时，根据读写操作来区分并对这两个缓冲器进行操作，不会出现冲突和错误。发送缓冲器只能写不能读，接收缓冲器只能读不能写。程序中，语句

SBUF=seg［s_i］;

此处的 SBUF 是发送数据缓冲器，功能是将显示数字的段码写入到串行口输出数据缓冲器。

3.串行口的工作方式 0

AT89C51 的串行口有 4 种工作方式，通过 SCON 的 SM0，SM1 位来决定，如表 5-2 所示。

方式 0 为同步移位寄存器方式。在方式 0 时，数据由 RXD 脚发送或接收。TXD 脚作为同步移位脉冲的输出脚，用来控制时序。一帧信息由 8 位数据位组成，低位在前，高位在后，波特率固定，为 f_{osc}/12（振荡频率的 1/12）。这种方式常用于扩展 I/O 口。

以方式 0 发送数据时，数据从 RXD 端串行输出，TXD 端输出同步信号。当一个 8 位数据写入串行口发送缓冲器 SBUF 时，串行口将 8 位数据以 f_{osc}/12 的波特率从 RXD 串行输出（低位在前）。8 位数据发送完后，由硬件置中断标志 TI 为"1"，可向 CPU 请求中断。在再次发送数据之前，必须由软件清 TI 为"0"。

以方式 0 发送数据时，CPU 执行一条写数据到 SBUF 的指令，如"SBUF=seg［s_i］;"，就启动了发送过程。方式 0 发送时序如图 5-12 所示。

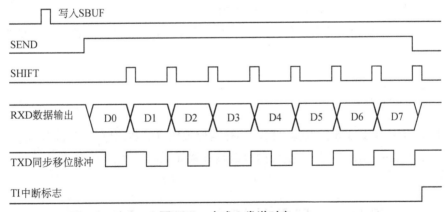

图 5-12　方式 0 发送时序

4.利用串行口方式 0 发送数据的方法

利用串行口方式 0 发送数据的方法有以下两种。

① 第一种方法是软件查询 TI 标志位，在以方式 0 启动串口发送数据后，CPU 通过等待查询发送中断标志位 TI 是否为"1"，来判断一个 8 位的数据是否发送完毕。若发送完，对 TI 清零，若没发送完，继续等待串口发送。程序 1 中的语句

```
while（TI==0）;
```

就是等待查询是否发送完毕。当发送完时，TI 由硬件置"1"，此时必须由软件对其清零。程序中语句

```
TI=0;
```

是对 TI 清零的语句。

② 第二种方法是利用串口中断的方式。TI=1 时中断系统会向 CPU 申请中断，如果事先 CPU 对串口中断开放，即允许串口中断的话，CPU 就要响应串口中断，执行事先编写好的串口中断函数。程序 2 中语句

```
ES=1;        //开串口中断
EA=1;
```

就是允许串口中断的语句。

程序 2 中断函数定义时，通过关键词 interrupt 和中断号 4 指出该函数是串行口的中断函数，在 CPU 响应串口中断，即执行串口中断函数时，必须有清 TI 为"0"的语句。

5.1.5　问题讨论

① 本任务是利用单片机的串行口工作方式 0，外接串入并出的移位寄存器来扩展并行输出口。任务中数码管的显示方式是静态显示，在数码管的静态显示电路设计中，通常利用串行口来完成，这样可以节省单片机的 I/O 口开销。对于多位数码管的显示，可以利用更多的 74HC595 级联来完成。

② 在 74HC595 实现级联的硬件电路中，一定要注意芯片引脚的连接，做到外接的74HC595 芯片同步移位，理解 10 号、13 号使能控制引脚的连接。

③ 单片机的串行口有 4 种工作方式，除了方式 0 外，其他 3 种工作方式可用来实现串行异步通信。

5.1.6　任务拓展

① 利用四片 74HC595 扩展输出口，外接四位数码管，数码管从左往右显示"1234"。
② 利用本任务的硬件电路，实现两位的秒计数显示。

任务 2　用单片机串行口扩展输入口

5.2.1　任务目标

利用串行口方式 0 扩展并行输入口外接开关。通过完成该任务，进一步学习和掌握与串行口功能有关的 SCON，SBUF 的特殊寄存器的作用和正确使用方法，掌握利用串行口

和并入串出的移位寄存器扩展并行输入口的方法。

5.2.2 任务描述

利用串行口方式 0 外接 1 片 74LS165 并行输入串行输出移位寄存器，用于扩展 8 位并行输入接口。外接 8 位开关，将开关量状态通过 P1 口外接的发光二极管显示。其具体接线仿真图如图 5-13 所示。

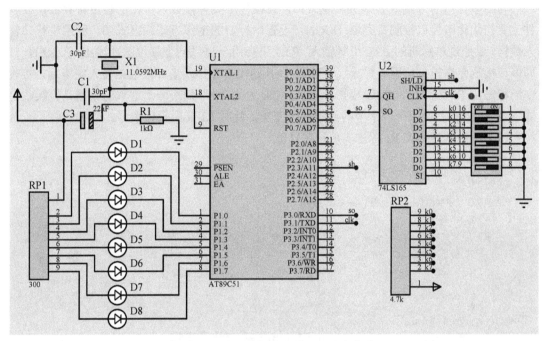

图 5-13 74LS165 扩展输入口仿真电路

5.2.3 任务实施

1. 利用 Proteus 仿真软件绘制电路原理图

利用 Proteus 仿真软件绘制电路原理图 5-13，绘制原理图时添加的元件见表 5-3。

表 5-3 元件列表

元件编号	元件参考名	元件参数值
C1	CAP	30pF
C2	CAP	30pF
C3	CAP-ELEC	22μF
X1	CRYSTAL	11.0592MHz
D1~D8	LED-RED	
R1	RES	1kΩ
RP2	RESPARK-8	4.7kΩ

（续表）

元件编号	元件参考名	元件参数值
U1	AT89C51	
U2	74LS165	
K2	DIPSW-8	

2．C51 应用程序的编译

利用串行口的方式 0 扩展并行输入口，在硬件上要外接并入串出的移位寄存器，在软件上要初始化串行口控制寄存器 SCON，设置串行口的工作方式为方式 0。利用串行口输入数据，要通过单片机的 P3.0 引脚输入，P3.1 引脚用于提供同步移位脉冲输出，在 REN=1，即串口接收允许控制位置"1"时，启动串口开始接收工作；当 8 位数据输入完毕后，接收中断标志位 RI 为"1"，CPU 根据 RI 标志位是否为"1"判断一个字节的数据是否接收完成。当 RI=1 时，说明一个字节的数据接收完毕，此时 RI 要由软件清零。

（1）利用软件查询 RI 标志实现程序功能

```c
#include "reg51.h"
sbit SL=P2^3;
void delay（unsigned int k，unsigned int p）
{    unsigned int i，j;
    for（i=0；i<k；i++）
      for（j=0；j<p；j++）
        ;
}
void main（）
{    unsigned char m;
    SCON=0x10;                 //串口初始化为方式 0 并接收数据
    while（1）
     {
        SL=0;                  //启动 74LS165 并行接收数据
        delay（0x01，0x10）;    //延时一段时间
        SL=1;                  //选择 74LS165 串行输出数据
        RI=0;                  //初始值为 0
        while（RI==0）;         //等待接收完
        m=SBUF;                //数据接收完后读取 SBUF 数据到变量 m
        P1=m;                  //把接收的开关量由 P1 口输出
        RI=0;                  //RI 必须由软件清零
     }
}
```

（2）利用串口中断实现程序功能

```c
#include "reg51.h"
sbit SL=P2^3;
void delay（unsigned int k，unsigned int p）          //有参函数定义
{    unsigned int i，j;
```

```
        for （i=0；i<k；i++）
          for （j=0；j<p；j++）
            ；
    }
    void main （）
    {
        ES=1；                    //开中断
      EA=1；
      SCON=0x10；               //串口初始化为方式 0 并启动接收数据
      RI=0；                    //初始值为 0
        SL=0；                    //启动 74LS165 并行接收数据
        delay （0x01，0x10）；      //延时一段时间
        SL=1；                    //选择 74LS165 串行输出数据
        while （1）；              //等待中断
    }
    void serial （）interrupt 4    //串行口中断函数
    {      REN=0；                //停止接收
        RI=0；                    //响应中断后 RI 必须由软件清零
        P1=SBUF；                 //读取串行口接收的数据并由 P1 口输出
        SL=0；                    //启动 74LS165 并行接收数据
        delay （0x01，0x10）；      //延时一段时间
        SL=1；                    //选择 74LS165 串行输出数据
        REN=1；                   //启动接收
    }
```

3．执行程序观察效果

将编译成功后的.HEX 文件加载到 CPU 并执行程序，用鼠标设置 K2 的开关状态，并观察二极管的显示状态。

5.2.4 相关知识

1．串行口方式 0 以软件查询方式接收

在串行口控制寄存器 SCON 的 SM0 位和 SM1 位，将初始值设置为"00"。REN 为"1"时，就启动串口以方式 0 接收外部同步移位寄存器输出过来的数据，数据以 $f_{osc}/12$ 的波特率从 RXD 端串行输入，TXD 端输出同步移位脉冲信号。程序中的语句

SCON=0x10；

作用是设置串口方式 0 并启动接收。

当一个 8 位数据在同步移位脉冲作用下逐位输入到串行口内部的移位寄存器时，由硬件置 RI 为"1"，同时将接收的 8 位数据送到接收数据缓冲器 SBUF。接收中断标志 RI 为"1"，可向 CPU 申请中断。

在源程序 1 中，CPU 通过软件查询 RI 标志位，判断串口是否接收完 8 位数据。若 RI=1，说明串口已接收完 8 位数据，程序中的语句

```
while（RI==0）；
```

是等待串口接收数据，直到 RI=1 为止。程序中的语句

```
m=SBUF；
```

是读取串口接收数据缓冲器上的数据并存放到变量 m。

2．串行口方式 0 以中断方式接收

利用串口中断的方式，在 8 位数据接收完时，由硬件置 RI=1，中断系统向 CPU 申请中断。如果事先 CPU 对串口中断开放，即允许串口中断的话，CPU 响应串口中断，即执行事先编写好的串口中断函数。程序 2 中的语句

```
ES=1；          //开串口中断
EA=1；
```

就是允许串口中断的语句。

程序 2 中断函数定义时，通过关键词 interrupt 和中断号 4 指出该函数是串口的中断函数。在 CPU 响应串口中断，即执行串口中断函数时，必须有清 RI 为"0"的语句。

方式 0 接收时序如图 5-14 所示。

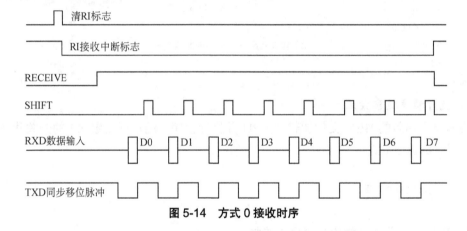

图 5-14　方式 0 接收时序

5.2.5　问题讨论

① 利用 74LS165 并入串出的移位寄存器扩展并行输入口时，如果外接开关，必须在74LS165 的输入引脚上外接上拉电阻，考虑一下为什么？

② 在串口中断函数中，用"REN=0；"语句停止串口接收数据，在中断快结束时，用"REN=1；"语句启动串口接收。从逻辑上考虑一下为什么？如果去掉这两条语句，仿真任务会出现什么问题？

5.2.6　任务拓展

将电路中发光二极管接到单片机的 P2 口上，将 74LS165 的 1 引脚接到单片机的 P3.7引脚上，完成任务，观察仿真结果。

任务 3　两台单片机互传数据

5.3.1　任务目标

通过本任务的学习、完成，掌握利用单片机的串行接口方式 1 实现异步通信的硬件设计和软件设计的方法。

5.3.2　任务描述

两台单片机之间通信，发送机扫描到 S1（P3.2）键合上后，即启动串行发送，将"01H"这个数发送给对方，即接收机；接收机收到数据后，把数据从 P1 口送出显示。其硬件仿真电路如图 5-15 所示。

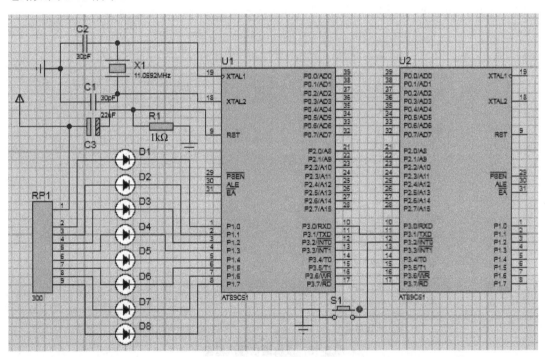

图 5-15　双机通信仿真电路

5.3.3　任务实施

1．利用 Proteus 仿真软件绘制电路原理图

利用 Proteus 仿真软件绘制电路原理图 5-15，绘制原理图时添加的元件见表 5-4。

表 5-4　元件列表

元件编号	元件参考名	元件参数值
C1	CAP	30pF
C2	CAP	30pF
C3	CAP-ELEC	22μF
X1	CRYSTAL	11.0592MHz
D1～D8	LED-RED	
R1	RES	1kΩ
RP1	RESPARK-8	300Ω
U1、U2	AT89C51	
S1	BUTTON	

2．C51 应用程序的编写

两台单片机之间采用串口方式 1 实现异步通信。发送机在接收到发送命令，即 S1 键按下后，CPU 就启动串口发送数据；相应地，接收机开始接收数据。通信双方都以串口工作方式 1 工作，通信波特率设置相同。发送机和接收机的程序流程图如图 5-16 所示。

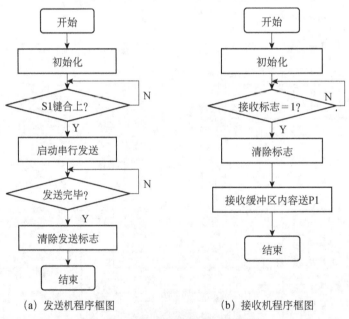

（a）发送机程序框图　　　　　（b）接收机程序框图

图 5-16　双机通信程序框图

发送机和接收机的源程序如下所示。

```
/*发送机程序*/
    #include "reg51.h"
    #define uchar unsigned char
    sbit P3_2=P3^2;
    void delay（）
    {
        uchar i, j;
```

```
            for（i=0；i<40；i++)
              for（j=0；j<250；j++);
        }
        void main（）
        {
            SCON=0x40;                 //初始化 SM0，SM1 为 01
            PCON=0x80;                 //使 PCON 的 SMOD 位为 1，波特率增倍
            TMOD=0x20;                 //定时器 T1 工作 2 定时功能，作为波特率发生器
            TH1=0xfa;                  //计数器初始值设置，波特率为 9 600b/s
            TR1=1;                     //启动定时器 T1 工作
            while（1)
            {
                dg: while（P3_2==1);   //等待按键按下，CPU 不做任何工作
                delay（);              //延时去抖
                if（P3_2==1）goto dg;  //若是抖动回到 dg 标号描述的语句
                SBUF=0x01;             //若不是抖动，启动串口发送数据
                while（TI==0);         //等待发送完毕
                TI=0;
                while（1);
            }
        }
/*接收机程序*/
#include "reg51.h"
void main（）
{
    SCON=0x40;
    PCON=0x80;
    TMOD=0x20;
    TH1=0xfa;
    TR1=1;
    REN=1;                            //启动接收机接收
    while（1)
    {
        while（RI==0);
        RI=0;
        P1=SBUF;
    }
}
```

3．执行程序观察效果

将编译成功后的发送和接收.HEX 文件分别加载到各自的 CPU 中并执行程序，然后按 S1 键，观察效果。

5.3.4　相关知识

1．串行口方式 1

当 SM0=0，SM1=1 时，串行口以方式 1 工作。方式 1 为 10 位通用异步通信接口。其

中，TXD 引脚发送数据，RXD 引脚接收数据。一帧信息包括 1 位起始位、8 位数据位（低位在前）和 1 位停止位。

（1）发送

发送时，数据从 TXD 端输出。当向 CPU 执行一条写 SBUF 指令时，即开启了发送过程。发送时序如图 5-17 所示。CPU 执行"写 SBUF"指令启动发送控制器，同时将并行数据送入 SBUF。经过一个机器周期，发送控制器 SEND，DATA 有效，输出控制门被打开，在发送移位脉冲（TX CLOCK）的作用下，向外逐位输出串行信号。在发送时，串行口自动地在数据的前后分别插入 1 位起始位"0"和 1 位停止位"1"，以构成一帧信息；在 8 位数据发出之后，并在停止位开始时，CPU 自动使 TI 为"1"，申请发送中断。当一帧信息发完后，自动保持 TXD 端的信号为"1"。

方式 1 发送时的移位时钟是由定时器 T1 送来的溢出信号经过 16 分频或 32 分频（取决于 PCON 中的 SMOD 位）而取得的，因此方式 1 的波特率是可变的。

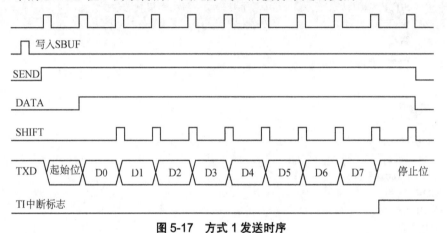

图 5-17 方式 1 发送时序

（2）接收

串行口以方式 1 接收时，数据从 RXD 端输入。其接收时序如图 5-18 所示。

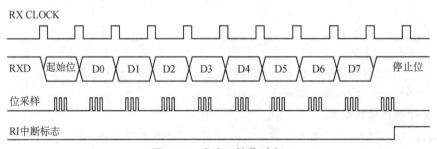

图 5-18 方式 1 接收时序

当允许接收标志 REN=1 时，就允许接收器接收。在没有信号到来时，RXD 端状态保持为"1"；当检测到存在由"1"到"0"的变化时，就确认是一帧信息的起始位"0"，开始接收一帧数据。在接收移位脉冲（RX CLOCK）的控制下，把收到的数据逐位地移入接收移位寄存器，直到 9 位数据全部接收齐（包括 1 位停止位）。

在接收操作中，接收移位脉冲的频率和发送波特率相同，也是由定时器 T1 的溢出信号经过 16 分频或 32 分频（由 SMOD 位决定）而得到的。接收器以波特率的 16 倍速率采样 RXD 脚状态。当检测到"1"到"0"的变化时，启动接收控制器接收数据。为避免通信双方波特率微小不同的误差影响，接收控制器将一位数据的传送时间等分为 16 份，并在第 7，8，9 三个状态由位检测器采样 RXD 三次，取三次采样中至少两次相同的值作为数据。这样，可以大大减少干扰影响，保证通信准确无误。

接收完一帧信息后，如果 RI=0，并且 SM2=0 或停止位为"1"，表示接收数据有效，开始装载 SBUF，8 位有效数据送入 SBUF，停止位送入 SCON，得到 RB8，同时硬件置 RI=1；否则，接收数据无效，信息将丢失。无论数据接收是否有效，接收控制器将再次采样 RXD 引脚的负跳变，以接收下一帧信息。

2．串行口方式 2 和串行口方式 3

当 SM0=1，SM1=0 时，串行口工作在方式 2，为 9 位异步串行通信。方式 2、方式 3 的发送、接收方式与方式 1 基本相同；不同的是，它的数据是 9 位的，即它的一帧包括 11 位（1 个开始位、9 个数据位和 1 个停止位）。其中，第 9 位（即 D8）数据可由用户编程，作为奇偶校验或地址数据标志位。

方式 2 和方式 3 的差别仅仅在于波特率不一样。方式 2 的波特率是固定的，为 $f_{osc}/32$（SMOD=1 时）或 $f_{osc}/64$（SMOD=0 时）；方式 3 的波特率是可变的，可通过定时器 T1 或 T2 自由设定。

（1）发送

发送时，先根据通信协议由软件设置 TB8，然后用指令将要发送的数据写入 SBUF，启动发送器。写 SBUF 的指令，除了将 8 位数据送入 SBUF 外，还将 TB8 装入发送移位寄存器的第 9 位，并通知发送控制器进行一次发送。一帧信息即从 TXD 发送，在送完一帧信息后，TI 被自动置"1"。在发送下一帧信息之前，TI 必须由中断服务程序或查询程序清零。

（2）接收

当 REN=1 时，允许串行口接收数据。数据由 RXD 端输入，接收 11 位的信息。当接收器采样到 RXD 端的负跳变，并判断起始位有效后，开始接收一帧信息。当接收器接收到第 9 位数据后，若同时满足以下两个条件：RI=0 和 SM2=0，或接收到的第 9 位数据为"1"，则接收数据有效，8 位数据送入 SBUF，第 9 位送入 RB8，并置 RI=1。若不满足上述两个条件，则信息丢失。

3．AT89C51 串行口的波特率

在串行通信中，收、发双方对传送的数据速率，即波特率，要有一定的约定。通过本单元任务 1 的论述，我们知道，AT89C51 单片机的串行口通过编程可以有 4 种工作方式。其中，方式 0 和方式 2 的波特率是固定的；方式 1 和方式 3 的波特率可变，由定时器 1 的溢出率决定。下面具体分析。

（1）方式 0 和方式 2

当采用方式 0 和方式 2 时，波特率仅仅与晶振频率有关。

在方式 0 中，波特率为时钟频率的 1/12，即 $f_{osc}/12$，固定不变。

在方式 2 中，波特率取决于 PCON 中的 SMOD 值。当 SMOD=0 时，波特率为 $f_{osc}/64$；当 SMOD=1 时，波特率为 $f_{osc}/32$。

（2）方式 1 和方式 3

在方式 1 和方式 3 时，波特率不仅仅与晶振频率和 SMOD 位有关，还与定时器 T1 的设置有关。波特率的计算公式为

$$波特率=2^{SMOD}/32×定时器 T1 溢出率$$

其中，定时器 T1 的溢出率又与其工作关系、计数初值、晶振频率相关。定时器 T1 作为波特率发生器时，通常选用定时器工作方式 2（8 位自动重装定时初值），但要禁止 T1 中断（ET1=0），以免 T1 溢出时产生不必要的中断。先设 T1 的初值为 X，那么每过 256−X 个机器周期，定时器 T1 就会溢出一次，溢出周期为 12×（256−X）$/f_{osc}$。T1 的溢出率为溢出周期的倒数。所以，波特率=$2^{SMOD}/32×f_{osc}/12/$（256−X）。

如果串行通信选用很低的波特率，可将定时器置于方式 0（13 位定时方式）或方式 1（16 位定时方式）。在这种情况下，T1 溢出时需要由中断服务程序来重装初值，那么应该允许 T1 中断，但中断响应和中断处理的时间会给波特率精度带来一些误差。常用波特率见表 5-5。

表 5-5　常用波特率

波特率/（b/s）	f_{osc}/MHz	SMOD	定时器 T1		
			C/T	方式	重装值
方式 0：$1×10^6$	12	×	×	×	×
方式 2：$375×10^3$	12	1	×	×	×
方式 1，3：62500	12	1	0	2	FFH
19200	11.0592	1	0	2	FDH
9600	11.0592	0	0	2	FDH
4800	11.0592	0	0	2	FAH
2400	11.0592	0	0	2	F4H
1200	11.0592	0	0	2	E8H
110	6	0	0	2	72H
110	12	0	0	1	FEEBH

5.3.5　问题讨论

① 发送机通过按键 S1 是否按下决定是否发送数据，程序中通过 while 语句等待对按键 S1 进行操作，并进行了延时去抖。

② 该任务中两台单片机的通信波特率为 9600b/s，考虑一下为什么？根据表 5-5，如果波特率保持不变，定时器 T1 的初始值为 FDH，程序改变哪一个地方就可实现？

5.3.6　任务拓展

①　发送机将 P1 口外接的 8 位开关量状态传送到接收机，接收机将接收到的数据实时地在 P1 口外接的二极管显示器上显示。试设计电路和编写程序。

②　利用串口方式 2 完成任务 3。

单元检测题 5

一、单选题

1. AT89C51 单片机的串行口是_____。

    A. 单工   B. 全双工

    C. 半双工   D. 都不是

2. _____用于表示数据传输的速度，是串行通信的重要指标。

    A. 字符帧   B. 数据位

    C. 通信制式   D. 波特率

3. AT89C51 串行口工作于_____可以用作扩展并行 I/O 口。

    A. 方式 0   B. 方式 1

    C. 方式 2   D. 方式 3

4. 当系统采用串行口通信时，一般使用频率为_____的晶体振荡器。

    A. 12MHz   B. 6MHz

    C. 11.0592MHz   D. 7.3728MHz

5. 串行口接收数据前，必须使用软件将_____位置 1，才能允许串行口接收。

    A. REN   B. SM2

    C. TI   D. RI

6. 当采用中断方式进行串行数据的接收时，接收完一帧数据后，RI 标志要用_____。

    A. 软件清零   B. 硬件自动清零

    C. 软件置 1   D. 硬件自动置 1

7. 串行口工作于方式 0 时，用作串行口数据输入或输出的引脚是_____。

    A. TXD   B. RXD

    C. TI   D. RI

8. 串行口工作于方式 1，2，3 时，用作串行口数据输入引脚是_____，用作串行口数据输出引脚是_____。

    A. TXD   B. RXD

    C. TI   D. RI

二、填空题

1. CPU 与其他设备之间的通信方式有两种：_____和_____。

2. 异步串行通信的字符帧格式包括：_____、_____、_____、_____。

3. 数据线上没有数据传输时数据线的状态应为_____电平，其长度没有限制。

4. 单片机串行口工作于方式 0 时，其功能是_____。

5. 串行口工作于方式 0 时，其波特率取决于_____；串行口工作于方式 1 时，其波特率取决于_____和_____。

6. 串行口工作于方式 1 时，字符帧为 10 位格式，包括_____、_____和_____。

三、简答题

1. 简述并行通信和串行通信各自的优缺点和适用场合。

2. 简述异步通信的字符帧格式及意义。

3. 当单片机串行口工作于方式 1 和方式 3 时，如何设置波特率。

单元 6　单片机系统扩展

知　识　点

1. 学习单片机 AT89C51 外部总线结构及组成。
2. 学习如何扩展外部 RAM。
3. 学习如何扩展外部 I/O 口。

技　能　点

1. 掌握利用外部总线方式扩展 RAM 的方法。
2. 掌握利用 TTL 芯片扩展并行 I/O 口的方法。
3. 掌握利用可编程 I/O 接口芯片扩展 I/O 口的方法。
4. 掌握利用 C 语言中的指针访问 RAM、ROM、I/O 口的方法。

　　本单元利用两个任务阐述外部 RAM，I/O 口的扩展。通过学习，掌握单片机应用系统中如何利用 TTL 芯片、可编程 I/O 芯片扩展外部存储器和外部 I/O 口的方法和技巧；掌握 C51 中指针的应用，通过指针访问存储器和外部 I/O 口的方法。

任务 1　存储器的扩展

6.1.1　任务目标

　　本任务是在单片机外部扩展 8KB 的 RAM，实现在外部 RAM 和内部 RAM 之间传递数据。通过完成该任务，学习和掌握单片机系统的总线结构及构成；掌握利用总线扩展片外并行存储器的方法；进一步了解数据存储器、程序存储器的功能；掌握 C51 语言中指针的概念，以及各种指针的定义和引用。

6.1.2 任务描述

将内部RAM从40H单元开始的共16个地址单元的内容依次传送给外部RAM从0000H开始的地址单元,然后将外部RAM从0000H开始的16个地址单元的内容传送到内部RAM从50H开始的单元,并通过P1口送到外接的8个发光二极管显示。硬件仿真电路如图6-1所示。

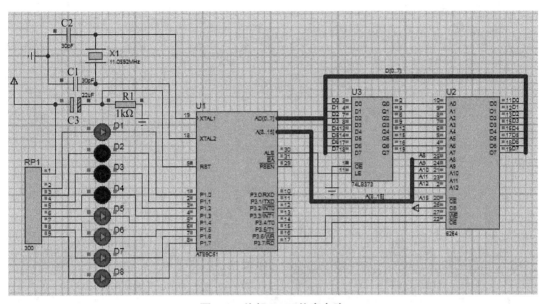

图 6-1 外部 RAM 仿真电路

6.1.3 任务实施

1.利用 Proteus 仿真软件绘制电路原理图

利用 Proteus 仿真软件绘制电路原理图 6-1,绘制原理图时添加的元件见表 6-1。

表 6-1 元件列表

元件编号	元件参考名	元件参数值
C1	CAP	30pF
C2	CAP	30pF
C3	CAP-ELEC	22μF
X1	CRYSTAL	11.0592MHz
D1～D8	LED-RED	
R1	RES	1kΩ
U2	6264	
U1	AT89C51	
U3	74LS373	
RP1	RESPARK	300Ω

2. C51 应用程序的编译

该任务实现内部 RAM 连续的地址单元和外部 RAM 连续的地址单元之间的数据传送。利用循环结构和 C 语言中的指针能高效地完成程序。

```
#include "reg51.h"
#define uchar unsigned char
uchar xdata *wainame=0x0000;              //定义指向外部 RAM 的指针变量并初始化
uchar data *pa=0x40，*pb=0x50;            //定义指向内部 RAM 的指针变量并初始化
void delay ()
  { uchar i，j，k;
    for（i=0；i<5；i++）
     for（j=0；j<200；j++）
       for（k=0；k<250；k++）;
  }
main ()
{  uchar i;
    while（1）
    {
      for（i=0；i<16；i++）            //对内部 RAM 40H～4FH 单元初始化值
      {*pa=i;                        //将 i 变量的值赋值给指针 pa 所指向的地址单元
        pa++;                        //指针加 1
      }
      pa=0x40;                       //重新对指针 pa 定向
     for（i=0；i<16；i++）            //实现内部 RAM 和外部 RAM 之间的数据传送
     {
        *wainame=*pa;                //将 pa 指针所指向的地址单元的值赋值给指针 wainame 所
                                     //  指向的外部 RAM 某一地址单元
        pa++;                        //指针加 1
        wainame++;
      }
      wainame=wainame-16;           //通过指针变量的运算给指针重新定向
      for（i=0；i<16；i++）           //外部 RAM 和内部 RAM 之间数据传送，并输出显示
      { *pb=*wainame;
        P1=*pb;
        delay ();
        pb++;
        wainame++;
      }
    }
}
```

3. 执行程序观察效果

将编译成功后的.HEX 文件加载到 CPU 并执行程序，观察效果。

6.1.4 相关知识

1. 扩展外部存储器的一般方法

（1）构造"三"总线

既然单片机的扩展系统是总线结构，因此单片机扩展的首要问题就是构造系统总线。这里之所以叫"构造"总线，是因为单片机与其他微型计算机不同，芯片本身并没有提供专用的地址线和数据线，而是借用它的 I/O 口线构造而成。

系统总线的构造包括以下内容。

① 以 P0 的 8 位口线作地址/数据线。这里的地址线是指系统的低 8 位地址。因为 P0 口线既作为地址线使用，又作为数据线使用，具有双重功能，因此需采用分离技术，对地址和数据进行分离。为此，在构造地址总线时要增加一个 8 位锁存器，用于暂存低 8 位地址。此后，即由地址锁存器为系统提供低 8 位地址，而把 P0 口作为数据线使用。

实际上，单片机 P0 口的电路逻辑已考虑了这种应用需要，口线电路中的多路转接电路 MUX 及地址/数据控制就是为此目的而设计的。

② 以 P2 口的口线作为高位地址线。如果使用 P2 口的全部 8 位口线，再加上 P0 口提供的低 8 位地址，就形成了完整的 16 位地址总线。使单片机系统的扩展寻址范围达到 64KB。

但在实际应用系统中，高位地址线并不固定为 8 位，而是根据需要，用几位就从 P2 口中引出几条口线。极端情况下，当扩展地址单元小于 256 时，则根本就不用构造高位地址。

③ 控制信号线。

- 使用 ALE 作为地址锁存的选通信号，以实现低 8 位地址的锁存。
- 以 $\overline{\text{PSEN}}$ 作为扩展程序存储器的读选通信号。
- 以 $\overline{\text{EA}}$ 为内、外程序存储器的选择信号。
- 以 $\overline{\text{RD}}$ 和 $\overline{\text{WR}}$ 作为扩展数据存储器和 I/O 口的读写选通信号。

以上这些信号在图 6-2 中均有表示。其他如复位信号、中断请求信号及计数信号等也常被使用。

在 CPU 访问外部程序存储器时，P2 口输出地址高 8 位（即 PC 指针的高 8 位值），P0 口分时输出地址低 8 位（即 PC 指针的低 8 位值）和送指令字节，其波形如图 6-3 所示。

图 6-3 所示为 AT89C51 外部程序存储器读时序图。从图中可以看出，P0 口提供低 8 位地址，P2 口提供高 8 位地址。S2 结束前，P0 口上的低 8 位地址是有效的，之后出现在 P0 口上的就不再是低 8 位的地址信号，而是指令数据信号。当然，地址信号与指令数据信号之间有一段缓冲的过渡时间，这就要求在 S2 期间必须把低 8 位的地址信号锁存起来。这时用 ALE 选通脉冲去控制锁存器把低 8 位地址予以锁存，而 P2 口只输出地址信号。而没有指令数据信号。整个机器周期地址信号都是有效的，因而无须锁存这一地址信号。

从外部程序存储器读取指令时，必须有两个信号进行控制，除了上述的 ALE 信号，还有一个 $\overline{\text{PSEN}}$（外部 ROM 读选通脉冲）。从图 6-3 显然可以看出，$\overline{\text{PSEN}}$ 从 S3P1 开始有效，直到将地址信号送出和外部程序存储器的数据读入 CPU 后方才失效，又从 S4P2 开始执行第二个读指令操作。

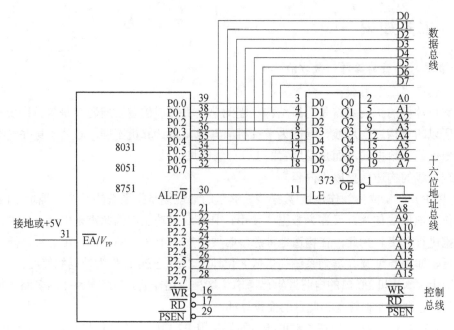

图 6-2　单片机扩展构造总线结构框图

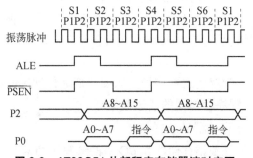

图 6-3　AT89C51 外部程序存储器读时序图

从图 6-3 中还可以看到，AT89C51 的 CPU 在访问外部程序存储器的机器周期内，控制线 ALE 上出现两个正脉冲，程序存储器选通线 $\overline{PSEN}$ 上出现两个负脉冲，说明在一个机器周期内 CPU 访问两次外部程序存储器。

（2）地址锁存器

由于 P0 口是作为分时复用的地址/数据线，为此，要使用地址锁存器把地址信号从地址/数据线中分离出来。

地址锁存器可以使用三态缓冲输出的 8D 锁存器芯片 74LS373 或 8282，也可以使用带清除端的 8D 锁存器芯片 74LS273。这几种芯片的信号引脚排列如图 6-4 所示。

现以 74LS373 为例，说明对地址锁存器的使用。图 6-5 所示为 74LS373 逻辑结构形式。该芯片共有两个控制信号。

① $\overline{OE}$：使能信号，用于控制三态门的状态，低电平有效。

当 $\overline{OE}$=0 时，三态门处于导通状态，锁存器的状态经三态门输出；当 $\overline{OE}$=1 时，三态门输出处于高阻抗状态。

② G：地址打入控制信号，高电平有效。

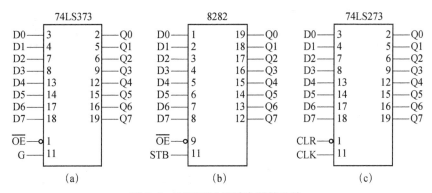

图 6-4　可用于地址锁存器的芯片

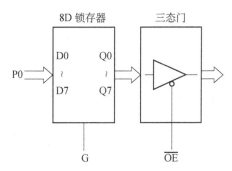

图 6-5　74LS373 逻辑结构形式

当 G 为高电平时，锁存器输出（Q7～Q0）反映输入端（D7～D0）的状态；当 G 从高电平下跳为低电平（下降沿）时，输入端的单片机地址被锁存器锁存。

当 74LS373 作系统扩展的地址锁存器使用时，$\overline{OE}$ 固定接低电平，使其三态门总是处于导通状态，锁存的地址总是处于输出状态。

另一个控制信号 G 应与单片机的 ALE 信号连接。按照时序，P0 口输出的低 8 位地址有效时，ALE 信号刚好处于正脉冲顶部到下降沿时刻，正好进行地址锁存。

2．数据存储器扩展技术

单片机内部的程序存储器容量越来越大，根据设计系统的需要可以选择满足容量大小的 CPU，所以该任务中就不介绍并行程序存储器的扩展。

AT89C51 单片机内部有 256 字节的数据存储器，CPU 对片内 RAM 有丰富的操作指令，应用非常方便。但在一些 AT89C51 单片机应用系统中，仅靠片内 RAM 往往不够用，必须扩展片外数据存储器。

（1）典型芯片介绍

数据存储器用于存储现场采集的原始数据、运算结果等，所以外部数据存储器应能随机地进行读或写。按其工作方式，RAM 又分为静态（SRAM）和动态（DRAM）两种。静态 RAM 只要加电，所存数据就可能保存。而动态 RAM 使用的是动态存储单元，需要不停地进行刷新，才能保存数据。动态 RAM 集成密度大，集成同样的位容量，动态 RAM 所占芯片面积只有静态 RAM 的四分之一。此外，动态 RAM 的功耗低，价格便宜。但动态存储器要有刷新电路，只能应用于较大的计算机系统，因而在单片机系统中较少使用。

常用静态数据存储器芯片引脚封装如图 6-6 所示。

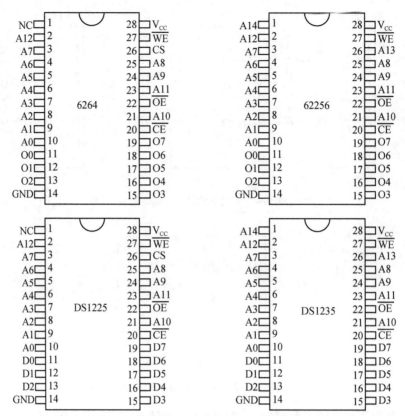

图 6-6　常用静态数据存储器芯片引脚封装示意图

静态随机存取存储器 RAM 具有存取速度快、使用方便和价格低廉等优点。它的缺点是一旦掉电，内部所存数据信息便会丢失。常用的静态 SRAM 有 6116（2KB×8），6264（8KB×8），62128（16KB×8），62256（32KB×8）等芯片。它们全部为单一+5V 供电、双列直插式（DIP）封装。6116 为 24 脚，其余芯片为 28 脚封装。为避免掉电丢失数据，近年来出现了掉电自动保护的静态 RAM，如 DS1225，DS1235 等，它们的引脚与 6264 和62256 是兼容的。由图 6-6 可以看到，不同的静态 RAM 芯片仅仅是地址线数目和编程信号引脚有些区别。

SRAM 的引脚功能如下所述。

① A0～A14：片内地址线，由外部输入，用以选择 SRAM 内部存储单元。

② D0～D7：双向三态数据线。读时为输出线，编程时为输入线，禁止时为高阻（有些资料中用 O0～O7 表示）。

③ $\overline{CE}$：片选信号输入线，低电平有效。对于 6264，片选线有两条，必须是第 26 脚（CS）为高电平，同时第 20 脚（$\overline{CE}$）为低电平时，才选中该片。

④ $\overline{OE}$：读选通信号输入线，低电平有效。

⑤ $\overline{WE}$：写允许信号输入线，低电平有效。

⑥ V_{CC}：工作电源，+5V。

⑦ GND：地线。

静态 RAM 芯片在不同操作方式下控制引脚电平的状态见表 6-2。

表 6-2　静态 RAM 芯片在不同操作方式下控制引脚电平的状态

操作方式	CE	OE	WE	O0 ~ O7
读	V_{IL}	V_{IL}	V_{IH}	数据输出
写	V_{IL}	V_{IH}	V_{IL}	数据输入
维持	V_{IH}	任意	任意	高阻

（2）用线选法扩展一片 6264

存储器扩展的主要工作是地址线、数据线和控制信号线的连接。地址线的连接与存储芯片的容量有直接关系。6264 的存储容量是 8KB，需 13 位地址（A12～A0）进行存储单元的选择，为此先把芯片的 A7～A0 与地址锁存器的 8 位地址输出对应连接。剩下的高位地址（A12～A8）与 P2 口的 P2.4～P2.0 相连。这样，6264 芯片内存储单元的选择问题就解决了。对于单片存储器扩展系统，采用线选法编址比较方便。

为此，只需在剩下的高位地址线中取 P2.7（A15）作为芯片选择信号，与 6264 的 $\overline{CE}$ 端相连接即可。这种产生片选信号线的方法叫作线选法。至于数据线的连接，则更为简单，只要把存储芯片的数据信号线与单片机 P0 口线对应连接就可以。

控制线的连接要用到下述控制信号。

① $\overline{RD}$：（P3.7）单片机读（输出）信号与存储器读（输入）信号 $\overline{OE}$ 相连接。

② $\overline{WR}$：（P3.6）单片机写（输出）信号与存储器写（输入）信号 $\overline{WE}$ 相连接。

③ ALE：信号的使用及连接方法与程序存储器相同。

分析该存储器的地址范围，把 P2 口中没用到的高位地址线假定为 0 状态，则本例 6264 芯片的地址范围如下所示。

① 最低地址。

0000H（A15A14A13A12A11A10A9A8A7A6A5A4A3A2A1A0=0000000000000000B）

② 最高地址。

1FFFH（A15A14A13A12A11A10A9A8A7A6A5A4A3A2A1A0=0001111111111111B）

由于 P2.6～P2.5 的状态与该 6264 芯片的编址无关；所以 P2.6～P2.5 可为从 00 到 11 共有 4 种编码组合。因此实际上该 6264 芯片对应着 4 个地址区，即 0000H～1FFFH、2000H～3FFFH、4000H～5FFFH、6000H～7FFFH，使用这些地址区中的地址都能访问这片 6264 的存储单元。

线选法的优点是硬件简单。但是由于所用的线选信号线都是高位地址线，它们的权值比较大，因此地址空间没有被充分利用。

（3）用译码法扩展多片数据存储器或外部 I/O 口

所谓译码法就是使用译码器对系统的高位地址进行译码。以译码输出作为存储芯片的片选信号。这种编址方法，能有效地利用地址空间，适用于大容量多芯片的存储器扩展。为进行地址译码，通常使用的译码芯片有：74LS139（双 2-4 译码器）、74LSl38（3-8 译码器）和 74LSl54（4-16 译码器）等。

74LSl38 是 3-8 译码器，用于对三个地址输入进行译码，共得到 8 种输出状态。74LSl38 的引脚排列如图 6-7 所示。

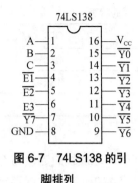

图 6-7　74LS138 的引
脚排列

各引脚说明如下。

① $\overline{E1}$，$\overline{E2}$，E3：译码使能端，用于引入译码控制信号。其中，$\overline{E1}$ 和 $\overline{E2}$ 低电平有效，E3 高电平有效。

② A，B，C：选择端，用于译码地址输入。

③ $\overline{Y0}$～$\overline{Y7}$：译码输出信号，低电平有效。

74LSl38 真值表见表 6-3。

在实际应用中，一般将 $\overline{E1}$ 和 $\overline{E2}$ 引脚接低电平，E3 引脚接高电平，C，B，A 引脚接剩下的高位地址线；如果高位地址线不够，可考虑用其他 I/O 线作为 C、B、A 引脚信号和 $\overline{E1}$，$\overline{E2}$，E3 译码使能端引脚信号。

表 6-3　74LS138 真值表

输入端		输出端							
使能	选择	$\overline{Y0}$	$\overline{Y1}$	$\overline{Y2}$	$\overline{Y3}$	$\overline{Y4}$	$\overline{Y5}$	$\overline{Y6}$	$\overline{Y7}$
E3，$\overline{E2}$，$\overline{E1}$	CBA								
100	000	0	1	1	1	1	1	1	1
100	001	1	0	1	1	1	1	1	1
100	010	1	1	0	1	1	1	1	1
100	011	1	1	1	0	1	1	1	1
100	100	1	1	1	1	0	1	1	1
100	101	1	1	1	1	1	0	1	1
100	110	1	1	1	1	1	1	0	1
100	111	1	1	1	1	1	1	1	0
0XX	XXX	1	1	1	1	1	1	1	1
X1X	XXX	1	1	1	1	1	1	1	1
XX1	XXX	1	1	1	1	1	1	1	1

3．C51 中的指针

（1）指针的基本概念

在计算机中，所有的数据都是存放在存储器中的。一般把存储器中的一个字节称为一个内存单元，不同的数据类型所占用的内存单元数不等，如整型量占 2 个单元，字符量占 1 个单元等。为了正确地访问这些内存单元，必须为每个内存单元编上号。根据一个内存单元的编号，即可准确地找到该内存单元。内存单元的编号也叫作地址，通常也把这个地址称为指针。内存单元的指针和内存单元的内容是两个不同的概念。

（2）指针与变量

① 指针变量的定义。在 C 语言中，允许用一个变量来存放指针，这种变量称为指针变量。因此，一个指针变量的值就是某个内存单元的地址，或称为某内存单元的指针。严格地说，一个指针是一个地址，是一个常量。而一个指针变量却可以被赋予不同的指针值，是变量。但在这里，常把指针变量简称为指针。为了避免混淆，我们约定："指针"是指地址，是常量，"指针变量"是指取值为地址的变量。定义指针的目的是通过指针访问存储单元。

对指针变量的类型说明包括以下三个方面的内容。

● 指针类型说明，即定义变量为一个指针变量。

● 指针变量名。

● 变量值（指针）所指向的变量的数据类型。

指针变量一般形式为：

类型说明符　存储器类型　*变量名；

其中，"*"表示这是一个指针变量；"变量名"即为定义的指针变量名；"类型说明符"表示本指针变量所指向的变量的数据类型；"存储器类型"表示指针变量所指向的变量的存储器类型，如果缺省，表示指针变量所指向的变量的存储器类型为内部 RAM。例如：

int *p1;

表示 p1 是一个指针变量，它的值是某个整型变量的地址；或者说，p1 指向一个分配在内部 RAM 的整型变量。至于 p1 究竟指向哪一个整型变量，应由向 p1 赋予的地址来决定。

再如：

```
int *p2;                //p2 是指向整型变量的指针变量
float *p3;              //p3 是指向浮点变量的指针变量
char *p4;               //p4 是指向字符变量的指针变量
uchar xdata *wainame;   //定义指向外部 RAM 的字符型变量的指针变量
uchar *pa, *pb;
```

应该注意的是，一个指针变量只能指向同类型的变量，如上面定义的 p3 指针，只能指向浮点变量；不能时而指向一个浮点变量，时而又指向一个字符变量。

② 指针变量的引用。定义的指针变量只能存放地址，一般不要将一个整型量（或任何其他非地址型的数据）赋给一个指针变量，否则可能造成系统崩溃。对定义的指针变量，可以进行如输出一个指针变量的值、访问指针变量所指向的变量等操作。例如：

```
printf（"%d"，*p）；/*将指针变量 p 所指向的变量的值输出。*/
*p=5；/*将 5 赋给 p 所指向的变量。*/
P1=*pb;             //指针变量 pb 所指向的存储单元的数据送给 P1 口
*wainame=*pa;       //将 pa 指针所指向的地址单元的值赋值给指针 wainame 所指向地址单元
```

③ 指针运算符&和*。在 C 语言中有两个有关指针的运算。

● &：取地址运算符。

● *：指针运算符（或称指向运算符，间接访问运算符）。

例如，"&a"为变量 a 的地址，"*p"为指针变量 p 所指向的存储单元。

（3）指针与一维数组

既然指针变量的值是一个地址，那么这个地址不仅可以是变量的地址，也可以是其他数据结构的地址。在一个指针变量中存放一个数组首地址有何意义呢？因为数组都是连续存放的，通过访问指针变量取得数组的首地址，也就找到该数组。这样一来，凡是出现数组的地方都可以用一个指针变量来表示，只要该指针变量中赋予数组的首地址即可。这样做，将会使程序的概念十分清楚，程序本身也精炼、高效。在 C 语言中，一种数据类型或数据结构往往都占有一组连续的内存单元。用"地址"这个概念并不能很好地描述一种数据类型或数据结构，而"指针"虽然实际上也是一个地址，但它却是一个数据结构的首地址，是"指向"一个数据结构的，因而概念更为清楚，表示更为明确。这也是引入"指针"概念的一个重要原因。

① 基本概念。由于一个数组名代表数组的起始地址，所以指针指向某一个一维数组是指设置的指针变量里存放的是数组的首地址。例如：

```
int a [10] ;
int *p；
```

通过下面的赋值：

```
p=&a [0] ；
```

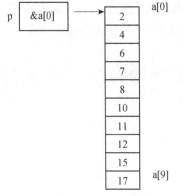

图 6-8 指针 p 指向 a 数组

把 a [0] 元素的地址赋给指针变量 p。也就是说，指针 p 就指向数组 a 的第 0 号元素，p 的值就是数组 a 的起始地址，如图 6-8 所示。

C 语言规定数组的首地址，也就是数组第一个元素（即序号为 0 的那个元素）的地址。因此下面的两个语句等价：

```
p=&a [0] ；
p=a；
```

② 用指针引用数组元素。C 语言规定，如果一个指针变量 p 已经指向一个数组，则 p+1 指向同一数组中的下一个元素。例如，数组元素是整型，每个元素占 2 个字节，则 p+1 指针是 p 指针的值加 2 个字节，使 p+1 指向下一个元素。

引用一个数组元素，可以使用以下两种方法。

● 下标法：如 a [i] 形式。

● 指针法：如* (a+i) 或* (p+i)。其中，a 是数组名，p 是指向数组元素的指针变量，p=a。* (a+i) 或* (p+i) 是 a+i 或 p+i 所指向的数组元素，即 a [i]。

【例 6-1】 输出数组全部元素。

```
main ()
{
    int a[5]={1, 2, 3, 4, 5}；
    int i, *p；
    p=a；
    for (i=0; i<5; i++)
        printf ("%d", a[i]); //利用格式函数输出数组 a 的各元素
    printf ("\n");
    for (i=0; i<5; i++)
        printf ("%d, %d\n", * (a+i), * (p+i));
}
```

运行结果如下所示：

12345

1，1

2，2

3，3

4，4

5，5

③ 指针与字符串。字符串存放在字符数组中。因此为了对字符串操作，可以定义一个字符数组，也可以定义一个字符指针。通过指针的指向来访问所需用的字符，指针指向该字符串的首字符。

【例 6-2】

```
main（）
{
    char string[]= "I am a boy.";
    char *p;
    p=string;
    printf（"%s\n"，string）;
    printf（"%s\n"，p）;
}
```

运行结果如下所示：

I am a boy.

I am a boy.

也可以用"\c"格式符逐个输出字符：

for（p=string；*p！= '\0'；p++）

printf（"%c"，*p）;

字符串存放在数组中，是以"\0"字符作为结束字符。p 的初值为 string，，指向第一个字符 I，判断 p 所指向的字符是否是"\0"。如果不是，就输出该字符，然后"p++"，使 p 指向下一个字符。如此继续，直到 p 所指向的字符是"\0"为止。

④ 数组名及指针作为函数参数。数组名和指针都可以作为函数的参数。由于数组名和指针的意义都是地址，函数的实参和形参的意义都应该是地址。

● 数组名作为函数的参数。

实参数组和形参数组分别在它们所在的函数中定义。

【例 6-3】

```
main（）
{
    void sort（）;
    int a [10] ={89，76，90，23，45，65，12，43，55，11};
    int i;
    sort（a）;
    for（i=0；i<10；i++）
        printf（"%d"，a [i]）;
}
void sort（int b []）
```

```
{
    int i, j, t, temp;
    for (i=1; i<10; i++)
    for (j=0; j<=9-i; j++)
    if (b [j] >b [j+1])
        { temp=b [j];
          b [j] =b [j+1];
          b [j+1] =temp;
        }
}
```

分析：在函数 sort 中，形参为数组；在主调函数 main 函数中，实参也是数组，都是地址。参数传送的方式是"地址传送"，实参和形参共用一段存储单元。这样，形参的数组元素的改变了，也意味着实参数组元素值发生变化。本程序就是这样完成 10 个数的排序。

● 指针作为函数的参数。

由于指针是地址，因此实参和形参也都应该是代表地址的意义。

【例 6-4】

```
void swap (int *p, int *q); //函数声明语句
main ()
{
    int a=10, b=9;
    swap (&a, &b);
    printf ("%d %d", a, b);
    }
void swap (int *p, int *q)
{
    int t;
    t=*p;
    *p=*q;
    *q=t;
}
```

分析：通过调用函数 swap ()，整型变量 a 和 b 的值就实现了交换。运行结果是：9 10。

6.1.5　问题讨论

① 在 C51 程序设计中，一般没有设计对内部 RAM 或 ROM 具体单元直接访问的任务，该任务程序为了学习指针的应用，才设置访问指定内部 RAM 的问题。一般利用指针对变量或数组进行访问，而这些变量或数组是有编译系统分配的地址。如果利用指针直接访问内部 RAM 或 ROM 的具体单元，可能会造成程序运行不正常。想一想，为什么？

② 通过总线扩展外部 RAM 或 ROM，需要系统的三总线，硬件连接有固定化的模式，外部芯片的片选信号要接系统的地址线。利用总线扩展的外部 RAM 或 ROM，存储器都有固定的地址范围，编程前必须清楚这些地址的分配。能理解任务中的 6264 存储器的地址分配吗？

③ 指针变量可以指向普通变量或数组，指针变量还可作为函数的参数。例 6-1～例 6-4 是 C 语言程序的例子，帮助理解指针的定义和应用。

6.1.6　任务拓展

① 把任务中 6264 的片选信号（第 20 号引脚）接系统的地址线 A13，将内部 RAM 从 30H 单元开始的 10 个单元内的内容送到外部 RAM 首地址单元开始的单元内，然后再将外部 RAM 这些单元内的数据通过 P1 口输出。通过 P1 口外接的二极管显示器观察结果。

② 定义数组，存储器类型为 ROM，数组长度为 10，并初始化。通过指针访问数组，将数组元素的值分别送 P1 口外接的 8 个二极管显示。观察显示的结果是否与数组的初始化值一样。

任务 2　并行 I/O 口的扩展

6.2.1　任务目标

通过本任务的学习，掌握利用 8255A 可编程芯片扩展外部 I/O 口的方法；掌握利用 8255A 的 A 口、B 口、C 口完成数据的输入与输出；进一步掌握指针变量的使用；了解 TTL 芯片扩展 I/O 口的方法。

6.2.2　任务描述

将 8255A 的 C 口外接的 8 个开关量的状态读入到内部 RAM 50H 单元，然后将内部 RAM 50H 单元内容的低 4 位和高 4 位分别通过 8255A 的 A 口的低 4 位、B 口的低 4 位输出，并分别在其外接的 4 个发光二极管上显示。硬件仿真电路如图 6-9 所示。

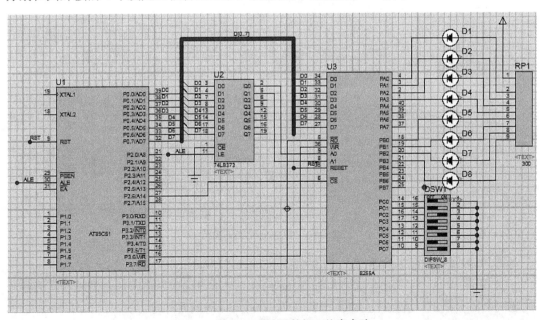

图 6-9　用 8255A 扩展并行口仿真电路

6.2.3 任务实施

1．利用 Proteus 仿真软件绘制电路原理图

利用 Proteus 仿真软件绘制电路原理图 6-9，绘制原理图时添加的元件见表 6-4。

表 6-4 元件列表

元件编号	元件参考名	元件参数值
C1	CAP	30pF
C2	CAP	30pF
C3	CAP-ELEC	22μF
X1	CRYSTAL	11.0592MHz
D1～D8	LED-RED	
R1	RES	1kΩ
U2	74LS373	
U1	AT89C51	
U3	8255	
DSW1	DIPSW-8	
RP1	RESPARK-8	300Ω

① 通过属性分配工具图标实现网络标号的放置，属性分配工具图标如图 6-10 所示。

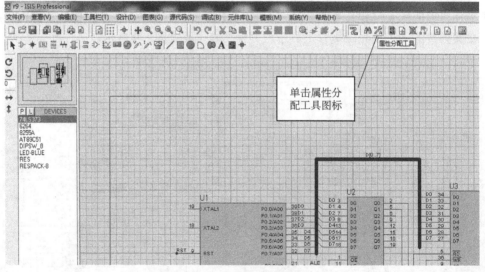

图 6-10 属性分配工具图标

② 单击属性分配工具图标，弹出对话框如图 6-11 所示。

③ 在图 6-11 "字符串" 文本框输入 net=D#，单击 "确定" 按钮后在需要加网络标号的连线上依次单击，就会产生 D0，D1，D2，D3，D4 等网络标号。

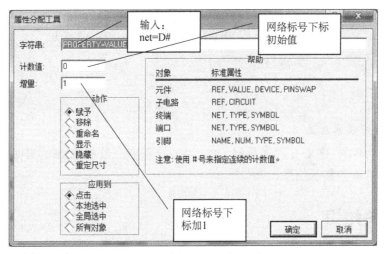

图 6-11　属性分配工具对话框

2．C51 应用程序的编译

利用 8255 扩展并行口，首先要掌握 8255 内部工作方式控制字的作用，通过对 8255 初始化将 8255 的 PA 口、PB 口设置为方式 0 为输出口，PC 口为输入口，通过指针或宏定义外部端口来访问 8255 的各端口。先要读取 PC 口的开关量的状态，根据要求处理这 8 位数据然后通过 PA 口、PB 口输出。

```
#include   "at89x51.h"
#include "absacc.h"
#define uchar unsigned char
#define A8255 XBYTE［0xbf00］        //8255A 口地址定义
#define B8255 XBYTE［0xbf01］        //8255B 口地址定义
#define C8255 XBYTE［0xbf02］        //8255C 口地址定义
#define K8255 XBYTE［0xbf03］        //8255 控制口地址定义
void delay（）
{   uchar i，j;
    for（i=0；i<40；i++）
     for（j=0；j<250；j++）
       ;
}
void main（）
  {
      uchar data *pn=0x50，a;
    K8255 =0x89;                     //对 8255 初始化工作方式控制字
      while（1）
    {

      *pn=C8255;                     //读取 PC 口输入的开关量到内部 RAM 50H 单元
      a=*pn&0xf0;                    //屏蔽读取数据的低 4 位，然后送给 a 变量
      a>>=4;                         //a 变量值右移 4 位，高位补 0
      a|=0xf0;                       //将 a 变量的高 4 位置 1，因为二极管是低电平点亮
      B8255=a;                       //将 a 变量的值通过 PB 口输出
```

```
        a=*pn&0x0f;              //屏蔽读取数据的高4位，然后送给a变量
        a|=0xf0;                 //通过位逻辑或将a变量的高4位置1
        A8255=a;
        delay（）;
    }
}
```

3．执行程序观察效果

将编译成功后的.HEX 文件加载到 CPU 并执行程序，设置 DSW1 开关的状态，观察 D1～D4，D5～D6 的显示结果。

6.2.4 相关知识

I/O 接口扩展分为简单 I/O 接口扩展、用可编程 I/O 接口芯片扩展和用串行口扩展。

1．并行 I/O 口的简单扩展

简单 I/O 口扩展是通过系统外总线进行的。简单 I/O 口扩展芯片可选用带输入、输出锁存端的三态门组合门电路，如 74LS373，74LS377，74LS273，74LS245 及 8282 等。图 6-12 所示为由 74LS373 及 8282 构成的 8 位并行输入输出 I/O 口。其中 74LS373 用作输出口，8282 用作输入口。若不用的地址线取为"1"，则口地址为：BFFFH（74LS373 输出口）、7FFFH（8282 输入口）。数据的输入与输出通过下述指令完成。

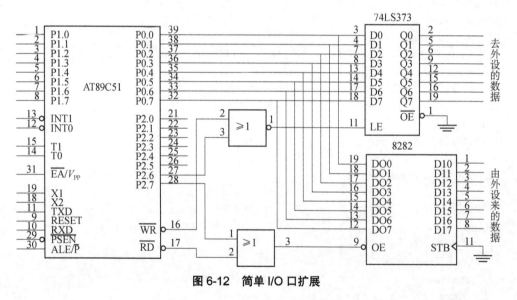

图 6-12　简单 I/O 口扩展

① 输出数据：

```
unsigned char xdata *p;
unsigned char i;
p=0xbfff;          //指针p指向74LS373输出口
*p=0x30;           //74LS373输出数据30H
```

② 输入数据：

```
p=0x7fff；  //指针 p 指向 8282 输入口
i=*p；      //读取 8282 输入端口数据到变量 i
```

2．采用 8255 扩展 I/O 口

简单 I/O 口扩展有使用普通的 TTL 门电路作为扩展器件的简单 I/O 口扩展。该方式线路简单，但由于 TTL 门电路不可编程，因此用这种方法扩展的 I/O 口功能单一，使用不太方便。使用通用可编程 I/O 扩展芯片如 8255，8155 等芯片进行扩展，由于它是 I/O 口扩展专用芯片，与单片机进行连接比较方便，而且芯片的可编程性质使 I/O 扩展口应用灵活，这种方法在实际应用中用得较多。通过串行口扩展并行 I/O 口也是一种常用的 I/O 口扩展方法，该方法的最大优点是不占用数据存储器地址空间，但速度较慢，适用于数据空间使用较多且对 I/O 口速度要求不高的应用场所。除通过串行口扩展 I/O 口外，使用其他两种方法扩展 I/O 口，其 I/O 口地址与数据存储器地址统一编址。

8255 与 8155 相比没有内部定时器/计数器及静态 RAM，但同样具有三个端口，端口的结构与功能略强于 8155。

（1）8255 的内部结构和引脚功能

8255 的内部由端口、端口控制电路、数据总线缓冲器、读/写控制逻辑电路组成。8255 内部结构如图 6-13 所示，引脚如图 6-14 所示。

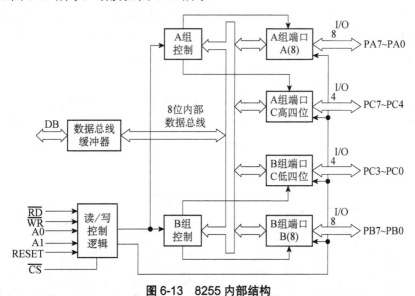

图 6-13 8255 内部结构

① 外设接口部分。该部分有 3 个 8 位并行 I/O 端口，即 A 口、B 口、C 口。可由编程决定这 3 个端口的功能。

- A 口：具有一个 8 位数据输出锁存器/缓冲器和一个 8 位数据输入锁存器，PA0～PA7 是其可与外设连接的外部引脚，它可编程为 8 位输入/输出或双向 I/O 口。
- B 口：具有一个 8 位数据输出锁存器/缓冲器和一个 8 位数据输入缓冲器（不锁存），PB0～PB7 是其可与外设连接的外部引脚。B 口可编程为 8 位输入/输出口，但不能作为双向输入/输出口。

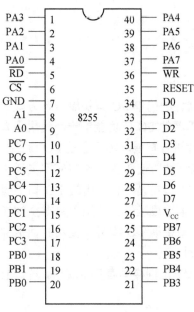

PA3 — 1 — 40 — PA4
PA2 — 2 — 39 — PA5
PA1 — 3 — 38 — PA6
PA0 — 4 — 37 — PA7
$\overline{RD}$ — 5 — 36 — $\overline{WR}$
$\overline{CS}$ — 6 — 35 — RESET
GND — 7 — 34 — D0
A1 — 8 — 8255 — 33 — D1
A0 — 9 — 32 — D2
PC7 — 10 — 31 — D3
PC6 — 11 — 30 — D4
PC5 — 12 — 29 — D5
PC4 — 13 — 28 — D6
PC0 — 14 — 27 — D7
PC1 — 15 — 26 — V_{CC}
PC2 — 16 — 25 — PB7
PC3 — 17 — 24 — PB6
PB0 — 18 — 23 — PB5
PB1 — 19 — 22 — PB4
PB0 — 20 — 21 — PB3

图 6-14　8255A 引脚图

- C 口：具有一个 8 位数据输出锁存器/缓冲器和一个 8 位数据输入缓冲器（不锁存），PC0～PC7 为其与外设连接的外部引脚。这个口包括两个 4 位口。C 口除作为输入、输出口使用外，还可以作为 A 口、B 口选通方式操作时的状态/控制口。

② A 组和 B 组控制电路。这两组控制电路组合在一起构成一个 8 位控制寄存器，每组控制电路既接收来自读/写控制逻辑电路的读/写命令，也从数据线接收来自 CPU 的控制字，并发出相应的命令到各自管理的外设接口通道；或对端口 C 按位清"0"、置"1"。

③ 数据总线缓冲器。数据总线缓冲器是一个三态双向 8 位缓冲器，D7～D0 为相应的外部引脚，用于和单片机系统的数据总线相连，以实现单片机与 8255A 芯片之间的数、控制及状态信息的传送。

④ 读/写控制逻辑。读/写控制逻辑电路依据 CPU 发来的 A1，A0，$\overline{CS}$，$\overline{RD}$ 和 $\overline{WR}$ 信号，对 8255 进行硬件管理，决定 8255 使用的端口对象、芯片选择、是否被复位及 8255 与 CPU 之间的数据传输方向，具体操作情况见表 6-5。

- RESET（输入）：复位信号，高电平有效，清除控制寄存器，使 8255 各端口均处于基本的输入方式。
- $\overline{CS}$（输入）：片选信号，低电平有效。
- $\overline{RD}$（输入）：读信号，低电平有效。控制 8255 将数据或状态信息送至 CPU。
- $\overline{WR}$（输入）：写信号，低电平有效。控制 CPU 将输出数据或命令信息写入 8255。
- A1，A0（输入）：端口选择线。这两条线通常与地址总线的低两位地址相连，使 CPU 可以选择片内的 4 个端口寄存器。

表 6-5　8255 的端口选择及操作表

$\overline{CS}$	A1	A0	$\overline{RD}$	$\overline{WR}$	端口操作
0	0	0	0	1	读 PA 口，端口 A→数据总线
0	0	0	1	0	写 PA 口，端口 A←数据总线
0	0	1	0	1	读 PB 口，端口 A→数据总线
0	0	1	1	0	写 PB 口，端口 A←数据总线
0	1	0	0	1	读 PC 口，端口 A→数据总线
0	1	0	1	0	写 PC 口，端口 A←数据总线
0	1	1	1	0	数据总线→8255 控制寄存器
1	×	×	×	×	芯片未选中（数据线呈高阻状态）
0	1	1	0	1	非法操作
0	×	×	1	1	非法操作

（2）AT89C51 与 8255A 的连接方法

AT89C51 和 8255 可以直接连接，简单的连接方法如图 6-9 所示。

① A1，A0：与 AT89C51 的低 2 位地址线经锁存器后相连。

② $\overline{CS}$：与 AT89C51 剩下地址线中的一根相连。

③ $\overline{RD}$：与 AT89C51 的 $\overline{RD}$ 相连。

④ $\overline{WR}$：与 AT89C51 的 $\overline{WR}$ 相连。

⑤ RESET：与 AT89C51 的 RESET 直接相连。

⑥ D0～D7：与 AT89C51 的 P0 口直接相连。

根据图 6-9 的连接情况，地址分配如下（设未用地址线为高电平）：

P2.6（$\overline{CS}$）	A1（P0.1）	A0（P0.0）	端口	地址
0	0	0	A 口	BFFCH
0	0	1	B 口	BFFDH
0	1	0	C 口	BFFEH
0	1	1	控制寄存器	BFFFH

（3）8255 的方式控制字

用编程的方法向 8255A 的控制端口写入控制字，可以用来选择 8255A 的工作方式。8255A 的控制字有两个，即方式选择控制字和 PC 口复位/置位控制字。这两个控制字共用一个地址，根据每个控制字的最高位 D7 来识别是何种控制字。D7=1 为方式选择控制字，D7=0 为 C 口置位/复位控制字。

① 方式选择控制字。方式选择控制字用来定义 PA，PB，PC 口的工作方式。其中对 PC 口的定义不影响其某些位作为 PA，PB 口的联络线使用。方式控制字的格式和定义如图 6-15 所示。

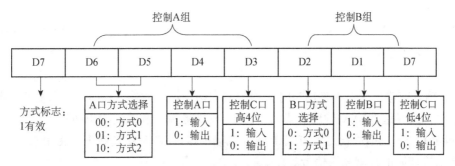

图 6-15　8255A 方式选择控制字

8255A 的 PA 口和 PB 口在设定工作方式时，必须以 8 位为一个整体进行。而 PC 口可以分为高 4 位和低 4 位，分别选择不同的工作方式。这样，四个部分可以按规定互相组合，非常灵活、方便。

例如，假设 8255A 的 PA 口和 PB 口工作于工作方式 0、输出，PC 工作于方式为 0、输入，则命令字为 10001001B=89H。以 6-9 所示电路为例，任务中的初始化程序可改为

```
uchar xdata *p;        //定义指向外部 I/O 口的指针变量
```

```
    p=0xbfff;          //对指针 p 初始化，指向 8255 的控制寄存器
    *p=0x89;           //方式命令字写入 8255A 的命令寄存器
```

② C 口按位复位/置位控制字。C 口的各位具有位控制功能，在 8255 工作方式 1，2 时，某些位是状态信号和控制信号。为便于实现控制功能，可以单独地对某一位复位/置位，格式如图 6-16 所示。

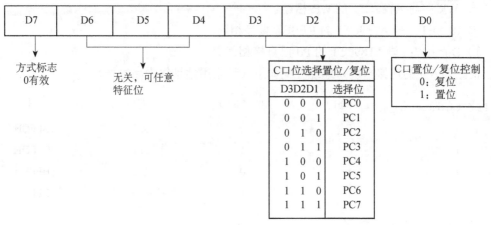

图 6-16　C 口按位复位/置位控制寄存器

必须注意的是，虽然是对 PC 口的某一位进行操作，但命令字必须从 8255A 的命令口写入。例如，编程使 PC 口的 PC1 置"1"输出：

```
    uchar xdata *p；  //指针指向命令口
    p=0xbffe；
    *p=0x03；          //复位/置位控制字写入 8255A 的命令寄存器使 PC1=1 输出
```

（4）8255 工作方式

8255 有三种方式：方式 0、方式 1、方式 2（仅 A 口）。

① 方式 0（基本输入/输出方式）。适用这种工作方式的外设，不需要任何选通信号。8255A 以方式 0 工作的端口在单片机执行 I/O 操作时，在单片机和外设之间建立一个直接的数据通道。PA 口、PB 口及 PC 口的高、低两个 4 位端口中的任何一个端口都可以被设定为方式 0 输入或输出。作为输出口时，输出数据锁存；作为输入口时，输入数据不锁存。

② 方式 1（选通输入/输出方式）。方式 1 有选通输入和选通输出两种工作方式，只有 PA 口和 PB 口可由编程设定为方式 1 输入或输出口，PC 口中的若干位将用来作为方式 1 输入/输出操作时的控制联络信号。

③ 方式 2（双向数据传送方式）。只有 PA 口以这种方式工作。此时，PA 口是双向的输入输出口。A 口工作在方式 2 时，其输入或输出都有独立的状态信息，占用了 C 口的 5 根联络线，因此 A 口工作于方式 2 时，C 口已不能为 B 口提供足够联络线，因此 B 口不能工作于方式 2，但可以工作在方式 1 或方式 0。

6.2.5 问题讨论

① 本任务是利用 8255 的 PA 口和 PB 口作为输出口，PC 口作输入口。实际上，8255 的 PA、PB、PC 口都可作输入口或输出口，作为输入口时，在实际的电路设计中要外接上拉电阻，否则不能输入高电平。

② 任务程序中，利用定义的绝对地址间接访问了 8255 的口，能不能利用指针来访问 8255 的口呢？当然可以，定义一个指向外部 RAM 的指针，让指针指向 8255 的口，就能对该口进行访问。

③ 任务中采用总线扩展 8255，也能利用单片机的普通 I/O 口来扩展 8255，硬件设计更加简单，程序按照 8255 的访问时序编写。

6.2.6 任务拓展

① 修改硬件电路，将 8255 的 PA 口作为输入口，外接 8 位组合开关，PC 口和 PB 口作为输出口外接发光二极管。试绘制硬件电路和编写程序。

② 任务中将 8255 的 A0，A1 引脚接到系统的地址线 A8，A9 上，其他硬件电路不变，修改程序完成任务的功能。

单元检测题 6

一、单选题

1. 利用总线扩展系统时，通常选用_____作为地址锁存器。

    A. 74LS00   B. 74LS04   C. 74LS373   D. 74LS245

2. 利用总线扩展 6264 时，将 CPU 的_____连到 6264 的 $\overline{OE}$ 引脚上。

    A. $\overline{RD}$ B. $\overline{WR}$ C. ALE   D. RST

3. 6264 是_____容量的数据存储器。

    A. 64KB   B. 8KB   C. 32KB   D. 16KB

4. 74LS138 是具有 3 个输入的译码器芯片，其输出作为片选信号时，最多可以选中_____块芯片。

    A. 8   B. 6   C. 4   D. 16

5. 已知 P 是指针变量，a 是一维数组名，让 P 指向 a 数组的首地址，下列错误的是_____。

    A. P=a   B. P=&a   C. P=&a［0］   D. P=0x30

6. P 指针已经指向一个数组，下列说法正确的是_____。

    A. P+1 指向同一数组中的下一个元素   B. P+1 指向下一个地址单元

    C. P+1 的值比 P 的值大 1   D. P+1 的值不是地址

二、填空题

1. 在一般情况下实现片选的方法有两种，分别是_____和_____。

2. 11 根地址线可选_____个存储单元，16KB 存储器需要_____根地址线。

3. 系统的三总线为_____、_____和_____。

4. 在总线扩展系统中，P2 口提供_____地址线，即_____。

5. 存储单元的指针就是存储单元的_____，存储单元的内容就是_____。

6. 数组的指针就是数组的_____。

三、简答题

1. 在利用总线扩展外部存储器时，P0 口提供的低 8 位地址为什么要加地址锁存器锁存？

2. 利用 8255 扩展并行 I/O 口时，PA 口输入，PB 口输出，PC 口输出，则方式控制字是多少？

3. 已知 a 数组是无符号的整型数据数组，如何定义一个指向数组 a 的指针 p？

单元 7　单片机显示系统

知 识 点

1. LED 数码管的结构及实现显示的方法。
2. 静态显示接口电路的设计与实现方法。
3. 动态显示接口电路的设计与实现方法。
4. 液晶 1602 的引脚功能及实现显示的方法。

技 能 点

1. 掌握利用 LED 数码管构成静态和动态显示的方法。
2. 掌握利用液晶 1602 实现显示的方法。
3. 掌握指针作为函数参数的技巧。

　　本单元通过三个任务分别学习 LED 数码管的结构和分类，掌握利用 LED 数码管实现静态显示和动态显示的电路设计和编程的方法；学习液晶 1602 显示器引脚和相关指令功能，掌握利用液晶 1602 实现静态显示的硬件接口设计和编程的方法；进一步掌握指针作为函数参数在函数调用时的功能和作用。

任务 1　用 LED 数码管构成静态显示器

7.1.1　任务目标

　　通过本任务的学习，掌握 LED 七段数码显示器的结构及工作原理；掌握 LED 静态显示器的硬件设计；掌握单片机对 LED 静态显示的控制方法。

7.1.2 任务描述

将单片机与数码管接成如图 7-1 所示静态显示方式电路，编程实现在数码管上循环显示 0～9 数字。

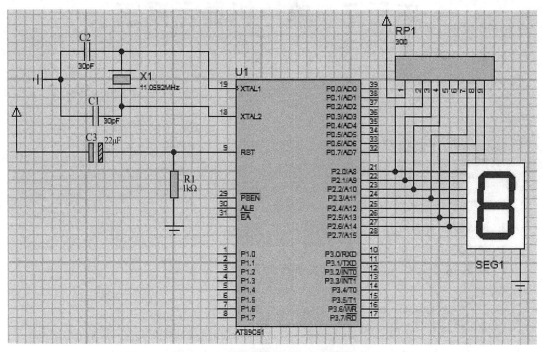

图 7-1 七段数码管静态显示仿真电路

7.1.3 任务实施

1．利用 Proteus 仿真软件绘制电路原理图

利用 Proteus 仿真软件绘制电路原理图 7-1，绘制原理图时添加的元件见表 7-1。

表 7-1 元件列表

元件编号	元件参考名	元件参数值
C1	CAP	30pF
C2	CAP	30pF
C3	CAP-ELEC	22μF
X1	CRYSTAL	11.0592MHz
R1	RES	1kΩ
RP1	RESPARK-8	300Ω
U1	AT89C51	
SEG1	7SEG-COM-CAT-GRN	

2．C51 应用程序的编译

本任务是将数码管的 0～9 字符的笔画码（段码）构成一个常数表格存放在定义好的一维数组里面，程序依次将这些数据通过 I/O 口输出到数码管的笔画段引脚，数码管显示对应数字，每个数字的显示时间由延时函数的延时时间控制。

```c
#include "reg51.h"
#define uchar unsigned char
uchar code dispcode [10] ={
            0x3F,         //二进制码为 0011 1111，对应数码管 hgfe dcba 端。
                          对于共阴极数码管，端口输出高电平对应 LED 亮，
                           当数码管 fedcba 段亮时，用于显示出 0 字符
            0x06,         //显示 1 字符
            0x5B,         //显示 2 字符
            0x4F,         //显示 3 字符
            0x66,         //显示 4 字符
            0x6D,         //显示 5 字符
            0x7D,         //显示 6 字符
            0x07,         //显示 7 字符
            0x7f,         //显示 8 字符
            0x6f          //显示 9 字符
            };
    void delay（void）
    { unsigned char i，j，k；
        for（i=5；i>0；i--）
            for（j=200；j>0；j--）
              for（k=250；k>0；k--）；
    }
    void main（void）
    { uchar i；
        while（1）
        {      for（i=0；i<10；i++）
                  {P2=dispcode［i］；//通过 P2 口依次输出 0～9 的段码
                  delay（）；
                      }
            }
    }
```

3．执行程序观察效果

将编译成功后的.HEX 文件加载到 CPU 并执行程序，观察效果。

7.1.4 相关知识

1．LED 数码显示器结构和工作原理

LED 数码显示器是由发光二极管作为显示字段的数码型显示器件。LED 数码显示器的种类很多，有规格、发光材料、颜色及内部结构之分，在用户系统中可以根据不同需要进

行选择。这里以每段只有一个发光二极管的 LED 数码显示器为例，介绍其结构和显示原理。

图 7-2（a）所示为一个 LED 显示器的引脚图。其中七只发光二极管构成字形"8"，还有一只发光二极管作为小数点。因此这种 LED 显示器称为七段 LED 数码管显示器或八段数码管显示器。

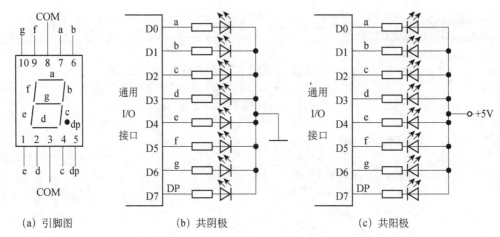

(a) 引脚图　　　　　　(b) 共阴极　　　　　　(c) 共阳极

图 7-2　LED 显示器与通用 I/O 口的连线

当显示器的某一段发光二极管加电时，该段便会发光。如果人为控制其中某几段发光，会显示出某个数字或字符。例如，使 b 和 c 两段发光，会显示出一个字符"1"。又如，使 a，b，c，e，f，g 段发光，会显示出一个字符"A"。从内部连接的结构上 LED 数码显示器可分为共阴极和共阳极两种，如图 7-2（b）、（c）所示。在共阴极结构中，各段发光二极管的阴极连在一起，当公共点接地、某一段发光二极管的阳极接高电平时，该段就会发光。在阳极结构中，各段发光二极管的阳极连在一起，当公共点接+5V 时，某一段发光二极管的阴极接低电平，该段就会发光。

2．字段码

图 7-2（b）中采用的是共阴极 LED 数码显示器，要显示字符"0"，则要求 a，b，c，d，e，f 各引脚为高电平，g 和 DP 为低电平。而图 7-2（c）中采用的是共阳极数码显示器，要显示字符"0"，则要求 a，b，c，d，e，f 各引脚为低电平，g 和 DP 为高电平。

以图 7-2（b）中共阴极数码显示器为例，要显示字符"0"，I/O 口输出的 8 位数据如下：

I/O 口	D7	D6	D5	D4	D3	D2	D1	D0	
	↓	↓	↓	↓	↓	↓	↓	↓	
显示器的段	DP	g	f	e	d	c	b	a	
I/O 口输出	0	0	1	1	1	1	1	1	3FH（段码）

由上面分析产生的 3FH 就是对应图 7-2（b）中"0"的字段码。表 7-2 为共阴极 LED 和共阳极 LED 显示不同字符的字段码，此表是 7 段码。所谓 7 段码是不计小数点的字段码；包括小数点的字段码，称为 8 段码。由表 7-2 可以看出共阴极 LED 和共阳极 LED 的字段

码互为补码。

表 7-2　LED 显示器的字段码

显示字符	字段码		显示字符	字段码	
	共阴极	共阳极		共阴极	共阳极
0	3FH	C0H	A	77 H	88 H
1	06H	F9H	B	7C H	83 H
2	5BH	A4H	C	39 H	C6 H
3	4FH	B0H	d	5E H	A1 H
4	66H	99H	E	79 H	86 H
5	6DH	92H	F	71 H	8E H
6	7DH	82H	P	73 H	8C H
7	07H	F8H	—	40 H	BF H
8	7FH	80H	Y	6E H	91 H
9	6FH	90H	熄灭	00 H	FF H

这种将要显示的字符转换成字段码的过程就称为译码。译码方式有软件译码和硬件译码两种。软件译码就是将要显示的字符代码通过软件译成字段码，CPU 可直接将字段码通过并行接口送到 LED 数码显示器。软件译码的优点是方便、灵活，可显示特殊字形，小数点处理方便。硬件译码是 CPU 将字符代码通过 4 位并行接口送到一个译码器，由译码器完成译码后送到显示器，优点是编程简单，但硬件译码不能产生特殊字形，小数点也要单独处理。

需要说明的是，在软件译码方式下有时为了线路连接方便，LED 数码显示器的引脚 a～g 及 DP 与接口的 D0～D7 可以不按顺序相连。这时就要根据具体电路来生成字段码。

图 7-1 中的 LED 显示器为共阴极结构，用 P2 口驱动数码管，也可以用其他端口驱动数码管，每一段都可接限流电阻。与共阳极数码管相比，显示相同的字符而端口的驱动数据不同，如显示数字"4"，驱动共阴极数码管 P2.7～P2.0 输出 0110 0110，而共阳极数码管输出 1001 1001。

3. 静态 LED 显示器接口

LED 数码显示器的显示方法有静态显示和动态显示两种。所谓静态显示，就是显示器的每一个字段都要独占一条具有锁存功能的 I/O 线。当 CPU 将要显示的字（经硬件译码）或字段码（经软件译码）送到输出口，显示器就可以显示出所要显示的字符。如果 CPU 不去改写它，它将一直保持下去。

静态显示的优点是显示程序简单、亮度高。由于在不改变显示内容时不用 CPU 去干预，所以节约了 CPU 的时间。但静态显示也有缺点，主要是显示位数较多时，占用 I/O 线较多，硬件较复杂，成本高。静态显示一般用于显示位数较少的系统中，单元 5 任务 1 中的串行口方式 0 外接 74HC595 移位寄存器扩展输出口，连接的数码管显示电路就是一种典型的静态显示接口电路。

7.1.5 问题讨论

① 程序中数组用来存放数码管的段码表，该数组定义为 code 类型，能不能定义为 data 类型呢？

提示：可以，不过要占用内部 RAM 单元。内部 RAM 单元容量有限，一般用于分配给定义的变量，常数表格内的数据一般使用数组存放，并把数组定义为 code 类型，编译系统在 ROM 中分配存储单元。

② 数码管根据内部结构的不同可以分为共阳极和共阴极数码管，共阳极数码管各笔画段的电流都来自于公共端；共阴极数码管各笔画段电流都要通过公共端会合。能分析图 7-1 中各笔画段电流是如何形成的吗？

7.1.6 任务拓展

① 将任务中数码管换成共阳极数码管，设计电路实现任务的功能。
② 让任务中的数码管按 9～0 顺序显示，修改程序实现功能。

任务 2 用 LED 数码管构成动态显示器

7.2.1 任务目标

通过本任务的学习，掌握 LED 数码管动态显示器的硬件电路设计；掌握单片机对 LED 数码管动态显示的控制方法。

7.2.2 任务描述

将单片机与数码管接成如图 7-3 所示动态显示方式，并编程实现数码管从左到右显示 1～4 数字。

7.2.3 任务实施

1．利用 Proteus 仿真软件绘制电路原理图

利用 Proteus 仿真软件绘制电路原理图 7-3，绘制原理图时添加的元件见表 7-3。

2．C51 应用程序的编译

本任务要求 4 位数码管从左至右动态显示"1234"，在有显示器的系统程序设计中，通常编写显示函数完成显示功能。动态显示函数的设计思路：先要定义一个显示缓冲区存放要显示的数字，然后把显示缓冲区内要显示的数字对应的段码通过段码输出口输出，而数码管的公共端受另一组控制信号即位码控制。位码输出口输出位码，让要点亮的数码管的公共端有效，每位数码管显示时间为 1ms，通过循环，依次让所有数码管点亮一遍，也称为动态扫描一遍。在主函数中不停地调用显示函数，就能使显示不闪烁，实现和静态显示一样的效果。

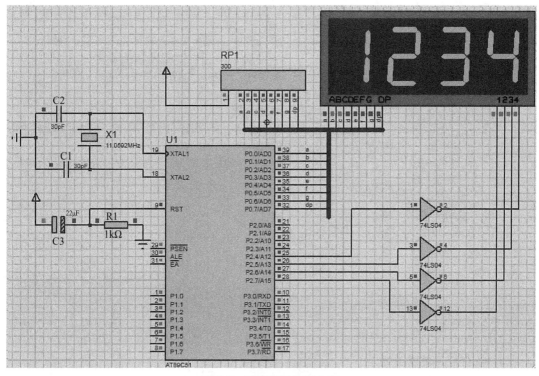

图 7-3 动态显示仿真电路

表 7-3 元件列表

元件编号	元件参考名	元件参数值
C1	CAP	30pF
C2	CAP	30pF
C3	CAP-ELEC	22μF
X1	CRYSTAL	11.0592MHz
RP1	RESPARK	300Ω
R1	RES	1kΩ
U1	AT89C51	
74LS04	74LS04	
数码管	7SEG-MPX4–CC-BLUE	

程序如下：

```
#include "reg51.h"
#define uchar unsigned char
uchar code dispcode [ ] ={0x3F，0x06，0x5B，0x4F，0x66，0x6D，
    0x7D，0x07，0x7f，0x6f，0x77，0x7c，0x39，0x5e，0x79，0x71};
```

```
                                        //定义 7 段码表的数组，依次为 0~9、A~F
uchar display_data［4］={1，2，3，4}；      //显示缓冲区为定义的一维数组
  void delay（void）
  {     uchar i；
        for（i=50；i>0；i--）；
  }
 void display（）
{    uchar i；                          //定义变量 i，用作循环控制和显示数组的位控制
     uchar k；                          //定义变量 k，用作位码控制数据存储
     k=0x80；                           //k 初始化，是第一只数码管亮，硬件上有取反
     for（i=0；i<4；i++）
        {  P2=0；                        //关闭显示
           P0=dispcode［display_data［i］］；//将 display_code 数组中的值送到 P0 口作为数码管的段码
           P2=k；                        //输出位码
           k=k>>1；                      //k 中为 1 的位右移 1 位，为点亮下一位数码管做准备
           delay（）；
        }
        P2=0；
}
void main（void）
  {
        while（1）
           {     display（）；
           }
  }
```

3．执行程序观察效果

将编译成功后的.HEX 文件加载到 CPU 并执行程序，观察效果。

7.2.4　相关知识

1．动态 LED 数码管显示器原理

所谓动态显示，就是在显示时，单片机控制电路连续不断刷新输出显示数据，使各数码管轮流点亮。由于人眼的视觉暂留特性，使人眼观察到各数码管显示的是稳定数字。对动态扫描的频率有一定的要求，频率太低，LED 数码管将出现闪烁现象；频率太高，由于每个 LED 数码管点亮的时间太短，数码管的亮度太低，无法看清。所以显示时间一般取几毫秒为好。动态显示是微机应用系统中最常用的显示方式之一，它具有线路简单、成本低的特点。

2．动态 LED 数码管显示器接口

动态显示的电路有很多，本任务电路中将 4 只数码管的相同段码控制线连接在一起，再分别接到单片机的 P0 口，作为整个数码管的段码控制。由于 P0 口内部不带上拉电阻，所以用 P0 口作为段码输出口，必须外接上拉电阻。用 P2 口 P2.7，P2.6，P2.5，P2.4 分别对数码管的公共端实现控制，使每只数码管可以单独显示。由于数码管的公共端电流较大，如果直

接用 P2 口作为公共端会影响数码管亮度，通常在 P2 口外接 74LS04 或 74LS06（OC 门）反相器，在反相器输出低电平时吸收数码管公共端电流，点亮数码管并保证数码管的亮度。

7.2.5　问题讨论

① 在 C51 程序设计中，一般没有设计对内部 RAM 或 ROM 具体单元直接访问的任务，该任务程序为了学习指针的应用，才设置这样访问指定内部 RAM 的问题。一般利用指针对变量或数组进行访问，而这些变量或数组是编译系统分配的地址。如果利用指针直接访问内部 RAM 或 ROM 的具体单元，可能会造成程序运行不正常。想一想，为什么？

② 通过总线扩展外部 RAM 或 ROM，需要系统的三总线，硬件连接需要有固定的模式，外部芯片的片选信号要接系统的地址线。利用总线扩展的外部 RAM 或 ROM，存储器都有固定的地址范围，编程前必须清楚这些地址的分配。能理解任务中的 6264 存储器的地址分配吗？

7.2.6　任务拓展

① 修改硬件电路，将数码管的笔画段引脚接到 P1 口，其他不变。编写程序，使 4 位数码管显示"5678"。

② 硬件不变，修改程序，使数码管从右往左依次扫描显示，显示效果不变。

任务 3　用 1602 构成显示器

7.3.1　任务目标

用 1602 液晶显示器显示两行字符串。通过本任务的学习，掌握字符型液晶显示器 1602 与单片机的接口硬件电路设计；掌握 1602 液晶显示器的工作原理和编程控制方法。

7.3.2　任务描述

将单片机与 LM016L 液晶显示器接成如图 7-4 所示电路。编程实现在液晶显示器上任意显示两行字符串。LM016L 是与 LCD1602 相类似的字符型液晶显示器。

7.3.3　任务实施

1．利用 Proteus 仿真软件绘制电路原理图

利用 Proteus 仿真软件绘制电路原理图 7-4，绘制原理图时添加的元件见表 7-4。

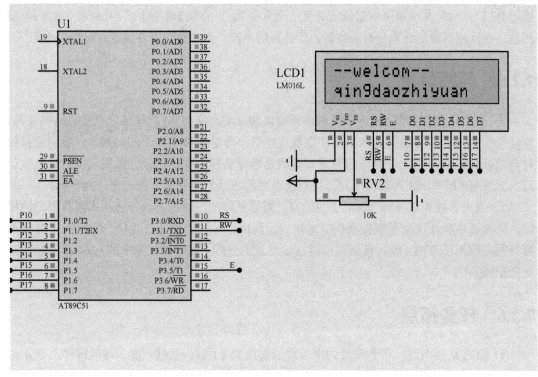

图 7-4　单片机与 LM016L 液晶显示器的连接仿真电路

表 7-4　元件列表

元件编号	元件参考名	元件参数值
C1	CAP	30pF
C2	CAP	30pF
C3	CAP-ELEC	22μF
X1	CRYSTAL	11.0592MHz
LCD1	LM016L	
R1	RES	1kΩ
U1	AT89C51	

2．C51 应用程序的编译

本任务是将要显示的两个字符串定义在两个字符数组里。根据 LCD1602 各种指令的作用，通过定义对 1602 液晶显示器进行判忙、写控制字、设置显示方式等函数和写一行字符函数，实现任务的功能。

```
#include <intrins.h >
#include <at89x51.h >
#define uchar unsigned char
/*函数声明*/
uchar busy_lcd（void）;          //液晶判忙函数
void cmd_wr（void）;             //写控制字函数
void show_lcd（uchar i）;        //LCD 显示一字符函数
```

```
void init_lcd（void）;                  //设置液晶方式函数
void dispwelcom（uchar *，uchar ）;     //写一行字符函数
sbit RS=P3^0;                          //液晶 RS
sbit RW=P3^1;                          //液晶 RW
sbit E=P3^5;                           //液晶 E
uchar  welcode [] ={"- -welcom- -"};   //第一行字符串定义
uchar testcode [] ={"qingdaozhiyuan"}; //第二行字符串定义
/*******主函数********/
void main（void）
{
    init_lcd（）;                      //液晶方式定义
    dispwelcom（welcode，0x80）;        //在第一行第一个字符位置开始显示字符串
    dispwelcom（testcode，0xc0）;       //在第二行第一个字符位置开始显示字符串
    while（1）;
}
/***********液晶显示函数 ***********/
/*判断 LCD 是否忙*/
uchar busy_lcd（void）
{
    uchar a;
start:                                 //语句标号
    RS=0;                              //选择指令寄存器
    RW=1;                              //读操作
    E=0;                               //使能端为低电平
    for（a=0；a<2；a++）;               //循环两次，实现延时几个微妙
    E=1;                               //使能端由低电平变为高电平，进行读操作
    P1=0xff;
    if（P1_7==0）
       return;                         //返回到主调函数语句
    else
       goto start;                     //无条件跳转到标号为 start 的语句

}
/*写控制字*/
void cmd_wr（void）
{
    RS=0;
    RW=0;                              //写操作
    E=0;
    E=1;
    _nop_（）;
    _nop_（）;
    _nop_（）;
    E=0;
}
/*设置 LCD 方式*/
void init_lcd（void）
```

```
{   busy_lcd（）;
    P1=0x38;                    //显示模式设置
    cmd_wr（）;                 //对指令寄存器写操作命令函数调用，完成 RS，RW，E 引脚状态设置
    busy_lcd（）;
    P1=0x01;                    //清屏
    cmd_wr（）;
    busy_lcd（）;
    P1=0x06;                    //显示光标移动设置
    cmd_wr（）;
    busy_lcd（）;
    P1=0x0c;                    //显示开及光标设置
    cmd_wr（）;
    }

/* LCD 显示一字符函数*/
void show_lcd（uchar i）
{
    P1=i;
    RS=1;                       //选择数据寄存器
    RW=0;
    E=0;
    E=1;
}
/*显示一行字符函数*/
void dispwelcom（uchar *p，uchar a）
{
    busy_lcd（）;
    P1=a;
    cmd_wr（）;
    while（*p!='\0'）           //判断是否是字符串的最后一个字符
    {
        busy_lcd（）;
        show_lcd（*p）;         //输出一个字符在显示器上显示
        p++;                   //指针加 1，指向下一个字符
    }
}
```

3．执行程序观察效果

将编译成功后的.HEX 文件加载到 CPU 并执行程序，观察效果。

7.3.4　相关知识

1．液晶显示器 1602 介绍

任务中的液晶显示采用长沙太阳人电子有限公司的 1602 字符型液晶显示器，其采用标准的 14 脚（无背光）或 16 脚（带背光）接口，可显示 16×2 个字符。下面首先说明其具体的使用方法。

（1）液晶显示器 1602 各引脚接口说明（见表 7-5）

表 7-5　液晶显示器 1602 引脚说明

编号	符号	引脚说明	编号	符号	引脚说明
1	V_{SS}	电源地	9	D2	数据
2	V_{DD}	电源正极	10	D3	数据
3	V_{EE}	液晶显示偏压	11	D4	数据
4	RS	数据/命令选择	12	D5	数据
5	R/W	读/写选择	13	D6	数据
6	E	使能信号	14	D7	数据
7	D0	数据	15	BLA	背光源正极
8	D1	数据	16	BLK	背光源负极

① 第 1 脚：V_{SS} 为地电源。

② 第 2 脚：V_{DD} 接 5V 正电源。

③ 第 3 脚：V_{EE} 为液晶显示器对比度调整端，接正电源时对比度最弱，接地时对比度最高。对比度过高时，会产生"鬼影"，使用时可以通过一个 $10k\Omega$ 的电位器调整对比度。

④ 第 4 脚：RS 为寄存器选择。高电平时，选择数据寄存器；低电平时，选择指令寄存器。

⑤ 第 5 脚：R/W 为读写信号线。高电平时进行读操作，低电平时进行写操作。当 RS 和 R/W 共同为低电平时，可以写入指令或者显示地址；当 RS 为低电平、R/W 为高电平时，可以读忙信号；当 RS 为高电平、R/W 为低电平时，可以写入数据。

⑥ 第 6 脚：E 端为使能端。当 E 端由低电平跳变成高电平时，液晶模块执行命令。

⑦ 第 7～14 脚：D0～D7 为 8 位双向数据线。

⑧ 第 15 脚：背光源正极。

⑨ 第 16 脚：背光源负极。

（2）液晶显示器 1602 的指令说明及时序

1602 液晶模块内部的控制器共有 11 条控制指令，见表 7-6。

表 7-6　控制指令表

序号	指令	RS	R/W	D7	D6	D5	D4	D3	D2	D1	D0
1	清显示	0	0	0	0	0	0	0	0	0	1
2	光标返回	0	0	0	0	0	0	0	0	1	*
3	置输入模式	0	0	0	0	0	0	0	1	I/D	S
4	显示开/关控制	0	0	0	0	0	0	1	D	C	B
5	光标或字符移位	0	0	0	0	0	1	S/C	R/L	*	*
6	置功能	0	0	0	0	1	DL	N	F	*	*
7	置字符发生存储器地址	0	0	0	1	字符发生存储器地址					
8	置数据存储器地址	0	0	1	显示数据存储器地址						
9	读忙标志或地址	0	1	BF	计数器地址						
10	写数到 CGRAM 或 DDRAM	1	0	要写的数据内容							
11	从 CGRAM 或 DDRAM 读数	1	1	读出的数据内容							

1602 液晶模块的读写操作、屏幕和光标的操作都是通过指令编程来实现的（说明："1"为高电平，"0"为低电平）。

① 指令 1：清显示，指令码 01H，光标复位到地址 00H 位置。

② 指令 2：光标复位，光标返回到地址 00H。

③ 指令 3：光标和显示模式设置。

● I/D：光标移动方向，高电平右移，低电平左移。

● S：屏幕上所有文字是否左移或者右移。高电平表示有效，低电平则显示无效。

④ 指令 4：显示开关控制。

● D：控制整体显示的开与关。高电平表示开显示，低电平表示关显示。

● C：控制光标的开与关。高电平表示有光标，低电平表示无光标。

● B：控制光标是否闪烁。高电平闪烁，低电平不闪烁。

⑤ 指令 5：光标或显示移位。S/C：高电平时，移动显示的文字；低电平时，移动光标。

⑥ 指令 6：功能设置命令。

● DL：低电平时为 4 位总线，高电平时为 8 位总线。

● N：低电平时为单行显示，高电平时为双行显示。

● F：低电平时，显示 5×7 的点阵字符；高电平时，显示 5×10 的点阵字符。

⑦ 指令 7：字符发生器 RAM 地址设置。

⑧ 指令 8：DDRAM 地址设置。

⑨ 指令 9：读忙信号和光标地址。

● BF：为忙标志位，高电平表示忙，此时模块不能接收命令或者数据；如果为低电平，表示不忙。

⑩ 指令 10：写数据。

⑪ 指令 11：读数据。

读、写操作时序分别如图 7-5 和图 7-6 所示。

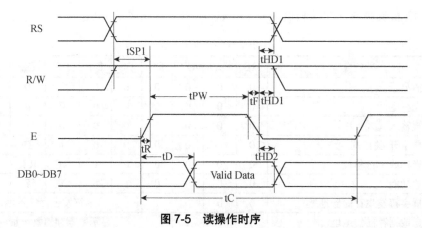

图 7-5　读操作时序

（3）液晶显示器 1602 的 RAM 地址映射及标准字库表

液晶显示模块是一个慢显示器件，所以在执行每条指令之前一定要确认模块的忙标志为低电平，表示不忙，否则此指令失效。要显示字符时，要先输入显示字符地址，也就是告诉模块在哪里显示字符。图 7-7 是 1602LCD 的内部显示地址。

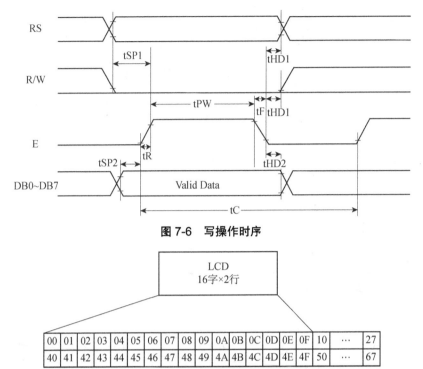

图 7-6　写操作时序

00	01	02	03	04	05	06	07	08	09	0A	0B	0C	0D	0E	0F	10	…	27
40	41	42	43	44	45	46	47	48	49	4A	4B	4C	4D	4E	4F	50	…	67

图 7-7　1602LCD 的内部显示地址

例如，第二行第一个字符的地址是 40H，那么是否直接写入 40H，就可以将光标定位在第二行第一个字符的位置呢？这样不行，因为写入显示地址时，要求最高位 D7 恒定为高电平“1”，所以实际写入的数据应该是 01000000B（40H）+10000000B（80H）=11000000B（C0H）。

在对液晶模块的初始化中，要先设置其显示模式。在液晶模块显示字符时，光标是自动右移的，无须人工干预。每次输入指令前都要判断液晶模块是否处于忙的状态。

（4）液晶显示器 1602 的一般初始化（复位）过程

每次写指令、读/写数据操作均需要检测忙信号。初始化时，一般写指令顺序如下。

① 写指令 38H：显示模式设置。

② 写指令 01H：显示清屏。

③ 写指令 06H：显示光标移动设置。

④ 写指令 0CH：显示开及光标设置。

2．指针作为函数参数

在单元 6 中已经学习指针，知道可以定义指向任何数据类型的指针。该任务中用指针变量作为函数的形式参数，调用该函数时将字符数组名作为实际参数传递给形式参数，即指针变量，使指针指向字符串。具体说明如下。

① 指针作为形参的函数定义举例说明。

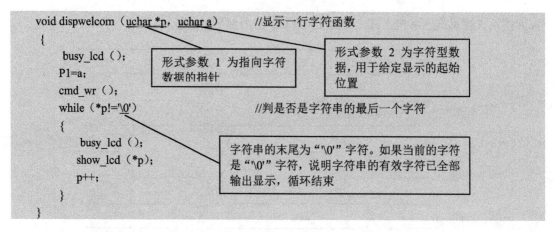

② 指针作为形参的函数调用举例说明。

主函数中有函数调用语句

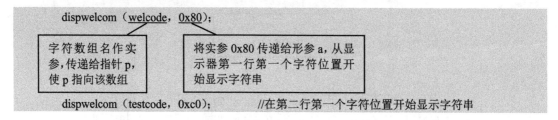

dispwelcom（testcode, 0xc0）；　　　　//在第二行第一个字符位置开始显示字符串

7.3.5　问题讨论

① 在对 1602 初始化时，常用的指令是表 7-6 中的指令 1、指令 3、指令 4、指令 6。在指令 6 中，选择 4 位总线模式时，单片机只需 4 根 I/O 口线与 1602 的 D4～D7 相连，这样可节省单片机的 4 根 I/O 线。在写指令或数据时，按先高 4 位，再低 4 位的原则。具体编程方法可查阅相关网络资料。

② 程序中调用 show_lcd（*p）函数时，实参是数据；定义 dispwelcom（uchar *p, uchar a）函数时，第一个形参是指针变量。大家知道这两者的不同点吗？

7.3.6　任务拓展

① 将任务中 1602 的第一行从第 5 个字符位置开始显示"——Hellow——"字符串，第二行从第 3 个字符位置显示"——123456——"。

② 将 1602 的 D0～D7 连到单片机的 P2 口，RS，RW，E 引脚连到 P1.0，P1.1，P1.2，绘制硬件电路和编写程序，实现任务的功能。

单元检测题 7

一、单选题

1. _____显示方式编程较简单，但占用 I/O 口线多，其一般适用于显示位数较少的场合。

A. 静态　　　　　B. 动态　　　　　C. 静态和动态　　　D. 查询

2. 共阳极 LED 数码管的 8 个 LED 二极管_____连接在一起，作为公共端（com）。

A. 阳极　　　　　B. 阴极　　　　　C. 阳极和阴极

3. 共阳极 LED 数码管显示字符"3"的段码是_____。

A. 4FH　　　　　B. 03H　　　　　C. B0H　　　　　D. A4H

4. 对于同一个显示字符，如"1"，共阳极 LED 和共阴极 LED 数码管的显示码之间有_____的关系。

A. 按位取反　　　B. 按位与　　　　C. 按位或　　　　D. 按位异或

5. 共阴极 LED 数码管显示字符"4"的段码是（　　　）。

A. 66H　　　　　B. 03H　　　　　C. B0H　　　　　D. A4H

二、填空题

1. LED 数码管的显示控制方式有_____显示和_____显示两大类。

2. LED 数码管根据内部二极管的连接方式可以分为_____和_____两大类。

3. 把显示字符转换成字段码的过程称为译码，译码方式有_____译码和_____译码。

4. 一般将数码管的段码表存放在_____。

5. 液晶显示器 1602 是_____显示器，所以只能显示_____，不能显示_____。

三、简答题

1. LED 数码管的显示方式有几种？试述各显示方式的特点。

2. 什么是显示字符的字段码的软件译码？其特点是什么？

3. 简述液晶显示器 1602 显示字符的编程步骤。

单元 8　单片机键盘系统

知 识 点

1. 简单键盘接口电路设计的方法。
2. 矩阵式键盘接口电路设计的方法。
3. 矩阵式键盘按键扫描程序编写方法。

技 能 点

1. 掌握矩阵式键盘按键扫描程序编写技巧。
2. 掌握数码管动态显示和键盘处理程序相互协调的编程技巧。

本单元通过两个任务分别学习键盘的结构和分类，掌握利用单片机 I/O 口设计简单键盘和矩阵式键盘电路的方法；学习矩阵式键盘的扫描处理程序的编程方法和技巧。

任务 1　单键控制 LED 二极管循环显示

8.1.1　任务目标

本任务是通过外接的按键控制 LED 二极管的显示。通过本任务的学习，掌握机械按键的特性及消抖方法；掌握简单键盘的接口技术；掌握按键对显示器的控制方法。

8.1.2　任务描述

实现用按键对 LED 进行控制，每当按下一次按键时，LED 显示方式变化一次，即使

LED 从上到下依次被点亮一个，而其他 LED 都不亮，循环往复。其仿真电路如图 8-1 所示。

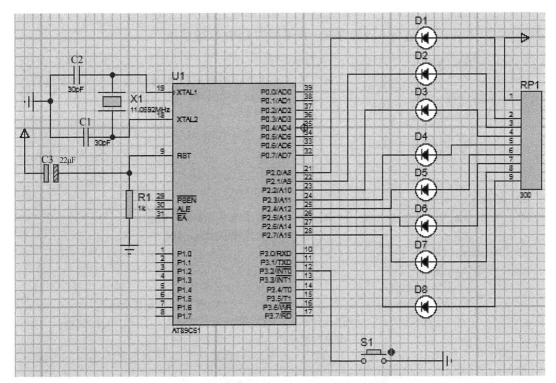

图 8-1　单键控制 LED 二极管显示仿真电路

8.1.3　任务实施

1．利用 Proteus 仿真软件绘制电路原理图

利用 Proteus 仿真软件绘制电路原理图 8-1，绘制原理图时添加的元件见表 8-1。

表 8-1　元件列表

元件编号	元件参考名	元件参数值
C1	CAP	30pF
C2	CAP	30pF
C3	CAP-ELEC	22μF
X1	CRYSTAL	11.0592MHz
R1	RES	1kΩ
RP1	RESPARK-8	300Ω
U1	AT89C51	
S1	BUTTON	

2．C51 应用程序的编译

要实现用按键控制 LED 的显示，首先要使单片机读入按键的状态，再根据按键的状态去控制 LED 的循环显示。每当按下按键时，单片机引脚 P3.2 为低电平。程序运行时，要判断 P3.2 引脚是否为低电平。若为低电平，表示按键已按下。按键每按下一次，P2 口输出数据变化一次，P2 口输出不同的数据，使不同的 LED 灯被点亮。

```c
#include "reg51.h"
sbit key1=P3^2;                          //定义 P3.2 给位符号 key1
void delay10ms（void）                    //延时函数用于机械按键去抖
    {   unsigned char i，k;
        for（i=40；i>0；i--）
            for（k=250；k>0；k--）
                ；
    }
void main（void）
  {   unsigned   char i=0xfe;            //P2 口输出数据的初始值
          P2=i;                          //电路中 D1 灯被点亮
        while（1）
      {if（key1==0）                      //如果 key1=0 说明按键按下
        {   delay10ms（）;                //延时 10ms 软件去抖
            if（key1==0）                 //延时后，如果 key1=0 说明按键确实按下
          {   if（（i&0x80）==0）i=i<<1;   //如果 D8 灯已经点亮，下一个要点亮的是 D1 灯，i
                        变量的值左移一位，D0 位为 0
                else i=（i<<1）+1;         //否则 i 的值左移一位，最低位补 1
                P2=i;
                while（key1==0）{；}       //等待按键松开
                }
            }
        }
    }
}
```

3．执行程序观察效果

将编译成功后的.HEX 文件加载到 CPU 并执行程序，观察效果。

8.1.4　相关知识

1．键盘接口概述

对于需要人工干预的单片机应用系统，键盘成为人机联系的必要手段，此时必须配置适当的键盘输入设备。

用于计算机系统的键盘有两类：一类是编码键盘，即键盘上闭合键的识别由专用硬件实现；另一类是非编码键盘，即键盘上输入及闭合键的识别由软件来完成。

在单片机系统中广泛使用机械式非编码键盘。非编码键盘分为独立式键盘和矩阵式键盘。

2．独立式按键或键盘工作原理

（1）独立式按键结构

独立式键盘（见图 8-2）的各个按键之间相互独立，每一个按键连接一根 I/O 口线。当

其中任意一按键按下时，它所对应的数据线的电平就变成低电平，读入单片机的是逻辑"0"，表示键闭合；若无按键闭合，则所有的数据线的电平都是高电平。独立式键盘电路简单，软件设计也比较方便，但由于每一个按键均需要一根 I/O 口线，当键盘按键数量比较多时，需要的 I/O 口线也较多，因此独立式键盘只适合于按键较少的应用场合。

（2）按键开关状态的可靠输入

当测试表明有按键被按下之后，紧接着进行去抖动处理。因为按键是一种开关结构，由于机械触点的弹性及电压突跳等原因，在闭合及断开的瞬间，均存在电压抖动过程，如图 8-3 所示。抖动时间的长短与开关的机械特性有关，一般为 5～10ms。

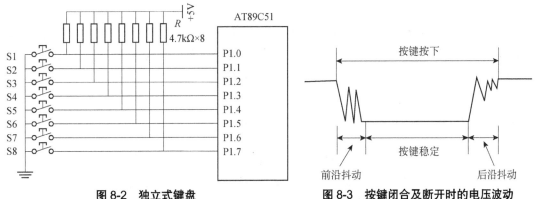

图 8-2　独立式键盘　　　　　　图 8-3　按键闭合及断开时的电压波动

为保证按键识别的准确性，需进行去抖动处理。去抖动有硬件和软件两种方法。硬件方法就是加去抖动电路，从根本上避免电压抖动的产生；软件方法则采用时间延迟方法，躲过抖动，待电压稳定之后，再进行状态的输入。在单片机系统中，为简单起见，多采用软件方法。延迟时间 10～20ms 即可。

在源程序中用 delay10ms（）函数实现 10ms 的软件延时。当判断按键确实按下后，等待按键松开，再进行按键的处理，从而实现每按一次按键，LED 灯显示才变化一次。

8.1.5　问题讨论

① 程序中用 if（key1==0）语句判断按键是否按下，如果 if 条件成立，说明按键按下，再调用 delay10ms（）延时去抖动，然后再判断按键的状态，来确定是否进行按键的处理。程序中用 while（key1==0）语句实现按键每按一次（必须松开），显示的二极管才下移一次。

② 按键状态的判断是通过判断 I/O 引脚的电平实现的。根据机械按键闭合和断开时引脚电平的波动，如图 8-3 所示，判断按键的状态时必须由软件时间延时去抖动，才能正确得到按键的状态。如果不加延时去抖动程序，在实际的按键应用系统中会出现什么情况？在仿真系统中去掉延时去抖动观察一下结果。

8.1.6　任务拓展

① 任务中硬件电路不动，修改程序实现按键每按一次，二极管从下往上依次被点亮一

个，当第 8 次按下按键时，又从下往上依次开始。

② 任务中硬件电路不动，修改程序实现按键每按一次，二极管从上到下依次被点亮，当第 8 次按下按键时，又从上到下依次开始。

任务 2　矩阵式键盘控制数码管显示

8.2.1　任务目标

通过学习本任务，进一步掌握按键的特性及消抖方法；掌握矩阵式键盘的接口技术；掌握矩阵式键盘的按键识别方法；进一步掌握数码管动态显示电路的设计和动态显示程序的编写方法。

8.2.2　任务描述

实现用按键对数码管显示进行控制，每当按下一个按键时，数码管显示对应按键的键值。P3 口外接了 16 个按键，按键的键值为 0～15，用最左边的两位数码管显示每一个按键的键值，其仿真电路如图 8-4 所示。

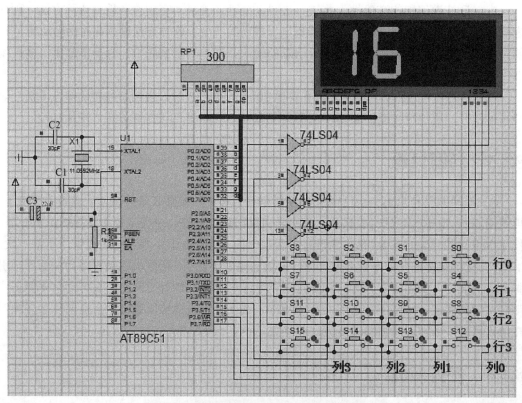

图 8-4　矩阵式键盘控制数码管显示仿真电路

8.2.3 任务实施

1. 利用 Proteus 仿真软件绘制电路原理图

利用 Proteus 仿真软件绘制电路原理图 8-4，绘制原理图时添加的元件见表 8-2。

表 8-2 元件列表

元件编号	元件参考名	元件参数值
C1	CAP	30pF
C2	CAP	30pF
C3	CAP-ELEC	22μF
X1	CRYSTAL	11.0592MHz
RP1	RESPARK	300Ω
R1	RES	1kΩ
U1	AT89C51	
74LS04	74LS04	
数码管	7SEG-MPX4–CC-BLUE	
S0～S15	BUTTON	

2. C51 应用程序的编译

程序的关键任务是识别键盘，即找到按键所在的行号和列号，并存放到一个 8 位数据中。

另一个任务是键译码。在确定闭合按键的位置后，可通过查表的方法对按键译码，将按键码变为对应的按键值。编写程序时，先将各按键按"先行后列"的顺序用一个 8 位数据进行编码，即一个 8 位数据低 4 位中"1"的位置描述按键的行，高 4 位中"1"的位置描述按键的列号，例如，数据 0x81 就是行 0 和列 0 位置的按键编码值，得到的按键编码值定义在某一数组中。

```
#include "reg51.h"
#define uchar unsigned char
uchar temp;                    //存放按键的键值
void delay（void）            //延时 1ms 函数
  {   unsigned char i, j;
      for（j=4; j>0; j--）
        for（i=250; i>0; i--）
            ;
  }
void display（）              //动态显示函数
  {   uchar code dispcode［］=｛0x3f, 0x06, 0x5b, 0x4f,
                              0x66, 0x6d, 0x7d, 0x07, 0x7f,
                              0x6f｝;
                              //共阴极数码管 0～9 的段码
      P2=0;                    //关显示
```

```
            P0=dispcode [temp/10];          //输出十位数的段码
            P2=0x80;                        //输出位码，最右边数码管被点亮
            delay（）;                       //延时 1ms
            P2=0;
            P0=dispcode [temp%10];          //输出个位数的段码
            P2=0x40;
            delay（）;
            P2=0;
    }
    uchar inkey（）
    {   uchar i, j=1, k;                    //变量 j 取反后，提供键盘的扫描码，同时为行码
        uchar code keytab [16] ={0x81, 0x41, 0x21, 0x11, 0x82, 0x42,
        0x22, 0x12, 0x84, 0x44, 0x24, 0x14, 0x88, 0x48, 0x28, 0x18};
                                            //分别对应 16 个按键所在的行列号，高 4 位和低 4 位中的
                                            //1 表示列号和行号
        for（i=0; i<4; i++)
          { P3=~j;                          //P3 的高 4 位为高，低 4 位为扫描码，首先扫描第 0 行
            k=~P3;                          //k 中的值为 P3 各位取反，如果该行无键按下，其高 4 位
                                            //将为 0
            k=k&0xf0;                       //k 中保留高 4 位，低 4 位清零
            if（k!=0） break;                //如果 k 不等于 0，该行有键按下，退出循环
            j=j<<1;                         //j 中的 1 左移 1 位，为扫描下一行做准备
          }
        k=k+j;                              //将行和列的代码合成到 k 中
        for（i=0; i<16; i++)
          {if（keytab [i] ==k) break;       //在 keytab 中搜索与 k 相同的编码，得到第 i 键号
          }
        return i;
    }
    void main（）
    { uchar key;
      while（1)
      {   key=inkey（）;
          if（key!=16)                      //无按键按下，key 值为 16
          {   display（）;                   //延时去抖
              display（）;
              display（）;
              if（key==inkey（））
                {temp=key;                  //显示键值，模拟按键处理
                    display（）;
                }
          }
          display（）;
          temp=inkey（）;
      }
    }
```

程序中，inkey（）函数是键盘扫描函数，通过逐行扫描的方式判断键盘中是否有按键按下。如果无按键按下，按键的键值为 16，所以仿真时，当无按键按下时数码管显示"16"；

当判断有按键按下时，通过 3 次调用显示函数一方面实现延时去抖，另外起到动态扫描数码管的作用。延时去抖后，如果确实有按键按下，数码管显示按键的键值。为更好地观察仿真结果，在按键按下时不要松开，等确实观察到显示器显示值与按键号一致时再松开。

3．执行程序观察效果

将编译成功后的.HEX 文件加载到 CPU 并执行程序，观察效果。

8.2.4　相关知识

1．矩阵式键盘的结构

在按键较多时，为了少占用单片机 I/O 线资源，通常采用矩阵式键盘，每一行或每一列上连接多个按键。在本任务中，通过 P3 口的 8 根 I/O 线外接由 4 行 4 列构成的 16 个键阵。

2．矩阵式键盘按键处理的步骤

（1）键盘扫描

首先检查键盘是否有键按下，并消除抖动，然后通过键盘识别程序获得按键的键号。行列式键盘的具体识别方法有扫描法和反转法。在这里只讨论扫描法。所谓扫描法，即用行线输出，列线输入（可交换行线/列线的输入输出关系）。

本程序中，行线逐行输出"0"。若某列有按键按下，则列线输入"0"；若无按键按下，则列线输入全部为"1"。当有按键按下时，根据行线和列线，可最终确定哪个按键被按下。

（2）键译码

当按键的行号和列号确定后，可查找或计算出按键的键值。程序中定义了数组 keytab，根据按键的物理位置，事先存放各按键的扫描码，根据按键的扫描码获取按键的键值。

（3）键处理

对于键盘上的每一个键，具体实现什么功能，由程序设计者来决定。程序中用显示按键号作为键处理程序。

8.2.5　问题讨论

①　在仿真硬件电路设计中，P2.4～P2.7 引脚外接了 74LS04，作用是增加单片机 I/O 引脚的驱动能力，共阴极数码管点亮时，各段二极管的导通电流均由 74LS04 吸收。在实际硬件电路设计中，通常将 74LS04 换成 74LS06，74LS06 是 OC 门，其吸收电流的能力远大于 74LS04。

②　程序中 inkey（）函数是键盘扫描和键值识别函数，是针对 4 行 4 列矩阵式键盘编写的，可以做适当修改，用于少于 4 行和 4 列的矩阵式键盘的键盘扫描和键值识别。

8.2.6　任务拓展

修改硬件电路，设计 3 行 3 列的矩阵式键盘，键值在数码管的后两位显示，键值范围为 0～8，当无按键按下时，数码管显示"09"。

单元检测题 8

一、单选题

1. 按键开关的结构通常是机械弹性元件，在按键按下和断开时，触点在闭合和断开瞬间会产生接触不稳定，为消除抖动常采用的方法有_____。

    A. 硬件去抖   B. 软件去抖

    C. 软、硬件 2 种方法   D. 单稳态电路去抖方法

2. 某一应用系统需要扩展 12 个按键，通常采用_____方式更好。

    A. 独立式按键   B. 矩阵式键盘

    C. 编码键盘   D. 非编码键盘

3. 下列对矩阵式键盘描述错误的是_____。

    A. 一条 I/O 线控制一个按键

    B. 需要消抖处理

    C. 按键位于行和列的交叉点

    D. 编程较复杂，需要行列反转或逐行（列）扫描

4. 对判断按键释放以下错误的是_____。

    A. 与判断按键是否按下判断条件相反

    B. 需要消抖处理

    C. 需要用循环等待按键释放

    D. 是否判断按键释放对按键的应用没有影响

二、填空题

1. 键盘通常有两类：_____键盘和_____键盘。

2. 消除按键抖动的措施有_____去抖和_____去抖两种方式。

3. 非编码键盘的结构分为_____键盘和_____键盘。

4. 非编码键盘主要由_____判断哪一个按键按下，非编码键盘扫描的方法有_____扫描和_____扫描。

5. 全行扫描判断是否有按键按下，就是让行线输出全_____，若读入列线状态全为_____电平，则无按键按下。

三、简答题

1. 独立式按键和矩阵式按键分别具有什么特点，分别适用于什么场合？

2. 阐述矩阵式键盘扫描程序的功能。

单元 9　单片机 A/D、D/A 转换接口

知 识 点

1. A/D 和 D/A 转换的原理。
2. 并行和串行 A/D、D/A 转换器与 AT89C51 单片机的接口电路设计方法。
3. 用软件模拟串行和并行输出的编程方法。

技 能 点

1. 掌握利用串行 A/D、D/A 转换器的接口硬件电路设计及程序编写技巧。
2. 掌握并行 A/D、D/A 转换器的接口硬件电路设计及程序编写技巧。

本单元通过 ADC0808 组成电压表、TLC2543 组成简易模拟温度报警系统、DAC0832 和 TLC5615 构成简易波形发生器 4 个任务来学习 A/D 和 D/A 转换的原理，以及几种典型的 A/D 和 D/A 转换芯片，进一步提高接口电路设计能力和按照时序图编写程序的技巧。

任务 1　用 ADC0808 组成简易电压表

9.1.1　任务目标

本任务是利用外部扩展的 8 位并行 ADC0808 转换芯片实现电压的转换，并将转换的结果以电压量的形式在液晶显示器上显示。通过本任务的学习，掌握 ADC0808 转换芯片的内部结构和工作原理；掌握 ADC0808 转换芯片与 AT89C51 的接口电路设计；掌握将 A/D 转换结果转换为电压工程量的程序设计方法。

9.1.2 任务描述

将被测电压接在 ADC0808 转换芯片的 0 输入通道上，单片机与 ADC0808 转换芯片通过总线连接，将 A/D 转换结果通过软件转换为电压工程量显示在液晶显示器 1602 上。硬件仿真电路如图 9-1 所示。

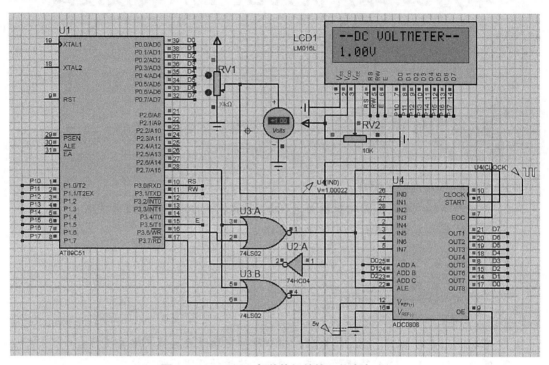

图 9-1 ADC0808 与单片机的接口仿真电路

9.1.3 任务实施

1. 利用 Proteus 仿真软件绘制电路原理图

利用 Proteus 仿真软件绘制电路原理图 9-1，绘制原理图时添加的元件见表 9-1。

表 9-1 元件列表

元件编号	元件参考名	元件参数值
RV1、RV2	POT-LIN	10kΩ
U2	74HC04	
U3	74LS02	
U4	ADC0808	
LCD1	LM016L	
U1	AT89C51	

2. C51 应用程序的编译

根据 ADC0808 完成一次转换的工作时序图编写启动 A/D 转换、读取转换结果的程序，并将读取的数字量根据 A/D 转换的工作原理转换为电压工程量，并在液晶显示器上显示。

```c
#include <absacc.h>
#include <at89x51.h>
#define uchar unsigned char
#define uint unsigned int
#define IN0 XBYTE [0x7ff8]          /* 设置 AD0809 的通道 0 地址 */
/*函数声明区*/
uchar busy_lcd (void);
void cmd_wr (void);
void show_lcd (uchar i);
void init_lcd (void);
void dispwelcom (void);
void disp_volt (uint j);
sbit RS=P3^0;                       //液晶 RS
sbit RW=P3^1;                       //液晶 RW
sbit E=P3^5;                        //液晶 E
char code welcode [] ={"- -DC VOLTMETER- -"};   //欢迎屏显
uchar dispbuf0='0';
uchar dispbuf1='0';
uchar dispbuf2='0';
uchar ad_data;
uchar j;
uint volt100;
//外部中断 0 函数
void int0 (void) interrupt 0 using 1
{
  ad_data=IN0;
  IN0=0x00;
}
 void main (void)
{
   init_lcd ();
   dispwelcom ();
   IT0=1;
   EX0=1;
   EA=1;
   IN0=0x00;
 while (1)
   {
   volt100=ad_data*100;             //电压值乘 100 倍
   volt100=volt100/51;             //再乘以 5 除以 255 即除以 51，51=255/5
   j=volt100/100;
   dispbuf0=j+48;                   //将数字转换为字符
   j=volt100%100/10;
```

```
        dispbuf1=j+48;
        j=volt100%10;
        dispbuf2=j+48;
        P1=0xC0;
        cmd_wr ();
        busy_lcd ();
        show_lcd (dispbuf0);
        busy_lcd ();
        show_lcd ('.');
        busy_lcd ();
        show_lcd (dispbuf1);
        busy_lcd ();
        show_lcd (dispbuf2);
        busy_lcd ();
        show_lcd ('V');
    }
}
///////////液晶显示子函数 ///////////////////////
/*判断 LCD 是否忙*/
uchar busy_lcd (void)
{
    uchar a;
 start:
    RS=0;
    RW=1;
    E=0;
    for (a=0; a<2; a++);
    E=1;
    P1=0xff;
    if (P1_7==0)
        return 0;
    else
        goto start;
}
/*写控制字*/
void cmd_wr (void)
{
    RS=0;
    RW=0;
    E=0;
    E=1;
    E=0;

}
/*设置 LCD 方式*/
void init_lcd (void)
{
```

```
    busy_lcd ();
    P1=0x38;
    cmd_wr ();
    busy_lcd ();
    P1=0x01;     //清除
    cmd_wr ();
    busy_lcd ();
    P1=0x0f;
    cmd_wr ();
    busy_lcd ();
    P1=0x06;
    cmd_wr ();
    busy_lcd ();
    P1=0x0c;
    cmd_wr ();
  }

/*LCD 显示一字符子程序*/
void show_lcd (uchar i)
{
    P1=i;
    RS=1;
    RW=0;
    E=0;
    E=1;
}
/*开场欢迎屏*/
void dispwelcom (void)
{
    uchar i;
    init_lcd ();
    busy_lcd ();
    P1=0x80;
    cmd_wr ();
    i=0;
    while (welcode [i] !='\0')          //显示- -DC VOLTMETER- -
    {
        busy_lcd ();
        show_lcd (welcode [i]);
        i++;
    }
}
```

3．执行程序观察效果

将编译成功后的.HEX 文件加载到 CPU 并执行程序，调整电位器改变输入电压，观察液晶显示器的显示结果。

9.1.4 相关知识

1．A/D 转换器概述

A/D 转换器的品种繁多，不同厂商以不同原理实现的单片集成 A/D 转换器的性能也不尽相同。在使用和选取 A/D 转换器时，主要考虑 A/D 转换器的分辨率和输出特性。A/D 转换器的分辨率主要决定测试系统的精度，而 A/D 转换器的输出特性决定它与单片机的接口形式。

（1）量化误差与分辨率

A/D 转换器的分辨率习惯上以输出的二进制数的位数或 BCD 码的位数来表示。如一个 8 位二进制的 A/D 转换器的分辨率为

$$1/2^8 \times 100\% = 1/256 \times 100\% = 0.39\%$$

一个 4 位半 BCD 码 A/D 转换器的分辨率为

$$1/19999 \times 100\% = 0.005\%$$

量化误差和分辨率是统一的。量化误差是由于有限数字对模拟量进行离散取值而引起的误差。因此，量化误差理论上为一个单位分辨率，即 ±1/2LSB。提高分辨率可减少量化误差。

（2）A/D 转换器的分类

A/D 转换器的分类标准很多，根据 A/D 转换器的输出形式大致可分为并行、串并行和串行 3 种；根据 A/D 转换器的工作原理又可分为逐次逼近式、双积分式及电压频率转换式等。

2．8 位并行输出 A/D 转换器 ADC0808 介绍

（1）ADC0808 的结构

ADC0808 是一种 8 路模拟输入、8 位数字并行输出的 A/D 转换器。ADC0808 和 ADC0809 是一对姊妹芯片，可以互相代换。ADC0808 结构框图如图 9-2 所示。

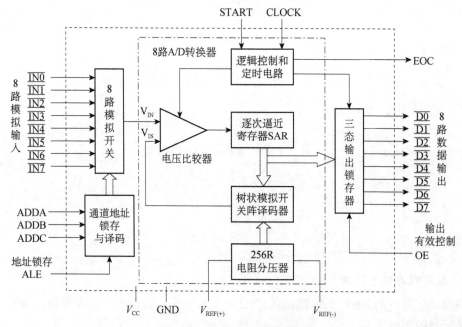

图 9-2 ADC0808 结构框图

ADC0808 由单一+5V 电源供电,内部由八通道多路开关及地址锁存器、8 路模/数(A/D)转换器和三态输出锁存器三大部分组成。八通道多路开关及地址锁存器可对 8 路输入模拟电压分时进行转换,三个地址信号 ADDA,ADDB 和 ADDC 决定是哪一路模拟信号被选中并送到内部 A/D 转换器中进行转换,完成一次转换约需 100μs 时间,每个通道均能转换出 8 位数字量。输出具有一个 8 位三态输出锁存器,可直接接到单片机数据总线上。

(2)ADC0808 的引脚

ADC0808 是 28 脚双列直插式封装,引脚图如图 9-3 所示。

各引脚功能如下。

① IN-0~IN-7:模拟量输入通道。ADC0808 对输入模拟量的要求主要有:信号单极性,电压范围 0~5 V。若信号过小,还需放大;另外,在 A/D 转换过程中,模拟量输入的值不应变化太快。因此,对变化速度快的模拟量,在输入前应增加采样保持电路。

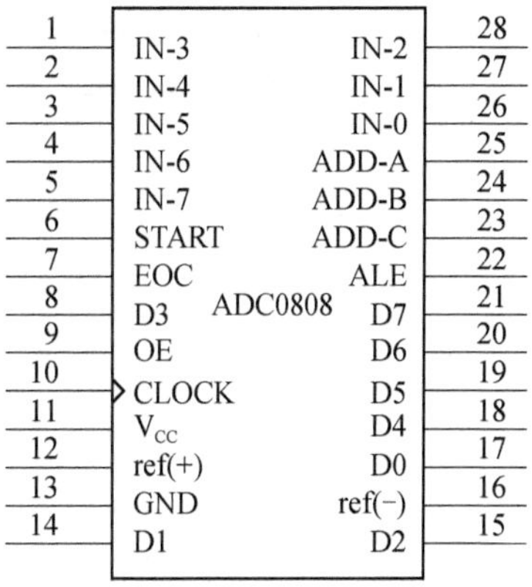

② D7~D0:转换结果 8 位数据输出线。其为三态缓冲输出形式,可以和单片机的数据线直接相连。

③ ADD-A~ADD-C:多路开关地址选择输入端。用于选择 8 路模拟量输入信号之一和内部 A/D 转换器接通并转换。ADD-A,ADD-B,ADD-C 的输入与被选通的通道的关系见表 9-2。

图 9-3　ADC0808 引脚图

表 9-2　ADD-A,ADD-B,ADD-C 输入与被选通的通道对应关系

多路开关地址线			被选中的输入通道
ADD-C	ADD-B	ADD-A	
0	0	0	IN-0
0	0	1	IN-1
0	1	0	IN-2
0	1	1	IN-3
1	0	0	IN-4
1	0	1	IN-5
1	1	0	IN-6
1	1	1	IN-7

④ ALE:地址锁存允许信号。在对应 ALE 上跳沿,ADD-A,ADD-B,ADD-C 地址状态送入地址锁存器中。

⑤ START:启动脉冲输入端,其上升沿用以清除 ADC 内部寄存器;其下降沿用以启动内部控制逻辑,使 A/D 转换器工作;在 A/D 转换期间,START 应保持低电平。

⑥ EOC:A/D 转换结束状态信号,其上跳沿表示 A/D 转换器内部已转换完毕。EOC=0,正在进行转换;EOC=1,转换结束。该状态信号既可作为查询的状态标志,又可作为中断请求信号使用。

⑦ OE：允许输出控制端，高电平有效。有效时，能打开 3 态门，将 8 位转换后的数据送到单片机的数据总线上。OE=0，输出数据线呈高电阻；OE=1，输出转换得到的数据。

⑧ CLOCK：转换定时时钟脉冲输入端。它的频率决定了 A/D 转换器的转换速度。在此，其典型值为 640kHz，其对应转换时间为 100μs。

⑨ $V_{ref\ (+)}$：参考电压正端。一般接+5V 高精度参考电源。

⑩ $V_{ref\ (-)}$：参考电压输入负端。一般接模拟地。

⑪ V_{CC} 为+5V，GND 为地。

3．ADC0808 的工作时序

ADC0808 的工作时序图如图 9-4 所示。

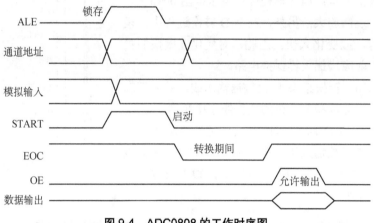

图 9-4　ADC0808 的工作时序图

4．ADC0808 与单片机的接口电路设计

ADC0808 与单片机的接口电路设计方法有两种。

第一种就是如图 9-1 所示的总线结构方式，在电路设计时，可以将 ADD-C，ADD-B，ADD-A 引脚接低位地址线（A0～A7 地址线）中的任意 3 根（这样的话，每个模拟量输入通道都有固定的通道地址）；也可以将 ADD-C，ADD-B，ADD-A 引脚接数据线，一般接 D2，D1，D0 数据线（这样的话，每个模拟量输入通道都有固定的通道号），START，ALE，OE 引脚控制信号由单片机的读写控制信号（$\overline{RD}$，$\overline{WR}$）、高位地址线（图中用的 A15）通过或非门实现。这种设计电路相对复杂，但编写 A/D 转换程序简单。CLOCK 引脚接满足频率（一般取 500kHz 左右）要求的脉冲信号，一般用单片机的 ALE 引脚信号经过 2 分频或 4 分频来实现，也可用单片机内部的定时器控制某一 I/O 引脚输出脉冲。

第二种电路设计方法就是将 ADC0808 的数据引脚（D0～D7）、通道地址引脚（ADD-C，ADD-B 和 ADD-A）、控制引脚（START，ALE 和 OE）分别接单片机的 I/O 口引脚，通过编写软件模拟 ADC0808 的工作时序来实现启动转换、读取转换结果等操作。

5．按照任务硬件电路，如何编写软件启动 ADC0808 转换

在程序中启动 ADC0808 转换，使用

```
IN0=0x00;
```

一条语句就能实现。这是为什么呢？因为源程序开头用

```
#define IN0 XBYTE［0x7ff8］
```

定义 IN0 代表外部 RAM 的 7ff8H 地址单元，在“IN0=0x00；”语句执行时 P2.7 引脚输出低电平，P3.6 引脚输出下降沿脉冲，使 ADC0808 的引脚 ALE，START 产生如图 9-4 所示的波形信号。在 ALE 的高电平期间，ADDC，ADDB，ADDA 引脚低电平锁存到 ADC0808 的内部地址锁存与译码电路，使多路开关与 IN0 通道接通；在 START 信号的下降沿到来时，开始启动 ADC0808 转换。

6．采用中断、查询控制方式读取 A/D 转换结果

任务程序中采用中断控制方式读取 A/D 转换结果，在硬件上将 ADC0808 的转换结束信号引脚（EOC 引脚）通过非门接到单片机的外部中断 0 输入引脚（P3.2 引脚）。根据图 9-4 所示的 EOC 波形，在一次转换结束时，EOC 通过非门发出一个下降沿脉冲，向单片机申请外部中断 0 请求。单片机响应外部中断 0 请求，在中断程序里发出控制信号，使 OE 引脚为高电平，读取转换结果。具体读取数据的语句如中断函数中语句

```
ad_data=IN0；
```

执行该语句时，P2.7 引脚输出低电平、P3.7 引脚输出下降沿脉冲，因而 OE 引脚为高电平，ADC0808 的数据引脚输出转换后的 8 位数据，并通过数据总线到达单片机。

启动转换后，单片机也可通过查询 EOC 引脚是否为高电平来判断一次转换是否结束。如果转换结束，读取转换数据；如果未结束，单片机等待。

9.1.5　问题讨论

① 在硬件电路设计中，将 ADC0808 的 ADD-C，ADD-B，ADD-A 引脚接到系统数据线的 D2，D1，D0 引脚上，使得 IN-0～IN-7 模拟量输入通道的通道号分别为 0～7，程序中用“IN0=0x00；”语句就启动了 IN-0 通道的模拟量转换。如果模拟量接到 ADC0808 的 IN-3 引脚上，启动转换的语句是什么？如果系统中有 8 路模拟量要转换，要对某一通道上的模拟量转换，启动转换的语句怎么改？

② 在硬件电路设计中，如果将 ADC0808 的 ADD-C，ADD-B，ADD-A 引脚接到系统地址线的 A2，A1，A0 地址线上，其他不变，使得 IN-0～IN-7 模拟量输入通道的通道地址分别为 0x7ff8～0x7fff，程序中可以用定义的绝对地址或指向外部 RAM 的指针来访问 ADC0808。如果“IN-0”是 IN-0 通道的绝对地址，“IN0=0x00；”语句可以启动 IN-0 通道模拟量转换吗？

9.1.6　任务拓展

① 任务中将模拟量接到 ADC0808 的 IN-3 引脚上，其他硬件电路不动，修改程序实现任务的功能。

② 任务中将 P2.7 引脚换成 P2.6 引脚接到 U3 芯片上，其他硬件电路不动，修改程序

实现任务的功能。

③ 任务中是采用中断方式读取 A/D 转换的结果，将程序改为利用查询方式读取 A/D 转换的结果。

任务2　用 TLC2543 组成简易模拟温度报警系统

9.2.1　任务目标

本任务是利用外部扩展的 12 位串行 TLC2543 转换芯片对 1K 电位器滑动臂输入 0～5V 电压实现转换，并根据转换的结果决定 LED 是否发光并产生报警。通过本任务的学习，掌握 TLC2543 转换芯片与 AT89C51 的接口电路设计；掌握读取串行数据的程序设计方法；进一步掌握根据时序图编写程序的技巧。

9.2.2　任务描述

用 1K 电位器滑动臂输入 0～5V 电压，模拟温度输入信号 0～500℃，当温度超过指定值 200℃时，LED 发光报警。硬件仿真电路如图 9-5 所示。

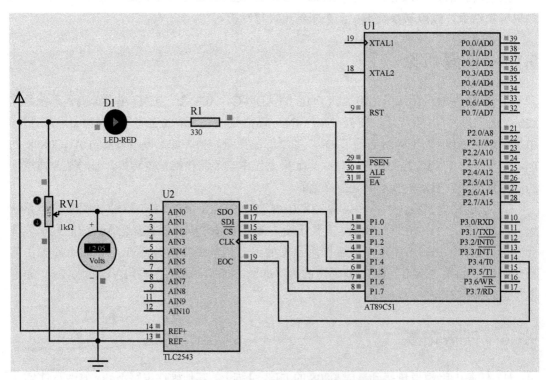

图 9-5　TLC2543 与单片机的仿真接线图

9.2.3 任务实施

1．利用 Proteus 仿真软件绘制电路原理图

利用 Proteus 仿真软件绘制电路原理图 9-5，绘制原理图时添加的元件见表 9-3。

表 9-3 元件列表

元件编号	元件参考名	元件参数值
D1	LED-REDCAP	
R1	RES	330Ω
U1	AT89C51	
U2	TLC2543	
RV1	POT-LIN	1kΩ

2．C51 应用程序的编译

根据 TLC2543 完成一次转换的时序图来编写读取转换结果程序，并将读取的数字量与温度为 200℃的数字量相比较，决定 D1 灯是否点亮。

```
#include <reg51.h>
#include <intrins.h>
#include <head.h>
void delay（uchar n）
{
  unchar i;
  for（i=0；i<n；i++）
    {
      _nop_（）;
    }
}
/****读取转换结果函数******/
uint read2543（uchar port）
{
  uint ad=0，i;
  CLOCK=0;
  _CS=1;                    //片选信号初始状态为"1"
  _CS=0;                    //时钟输入前片选信号清"0"
  for（i=0；i<12；i++）
    {
      if（D_OUT）ad|=0x01;    //开始读取前次转换的结果，如果输出数据高位为"1"，ad 最低位置"1"
      D_IN=（bit）（port&0x80）; //逐位输入控制字的各位，先高后低
      CLOCK=1;              //时钟上升沿输入、输出有效
      delay（3）;            //延时产生高电平时间
      CLOCK=0;
      delay（3）;            //延时产生低电平时间
      port<<=1;            //输入的控制字左移，要输入的位总在最高位
      ad<<=1;              //原来存放的输出数据左移 1 位，为接收输出位做准备
```

```
    }
    _CS=1;                    //数据接收结束保持高电平
    ad>>=1;                   //结果多移一位，右移还原
    return（ad）;             //向主调函数返回转换值
  }
void main（）
{
  uint ad;
  while（1）
  {   while（!D_EOC）{; }
      ad=read2543（0）;
 if（ad>1637）    P10=0;
      else P10=1;
    }
}
/* ********head.h*********** */
sbit CLOCK= P1^7；/*2543 时钟输入*/
sbit D_IN= P1^5；/*2543 数据输入*/
sbit D_OUT=P1^4；/*2543 数据输出*/
sbit _CS=P1^6；/*2543 片选*/
sbit D_EOC=P3^4;
sbit P10=P1^0;
#define uint unsigned int
#define uchar unsigned char
```

3．执行程序观察效果

将编译成功后的.HEX 文件加载到 CPU 并执行程序，操作电位器 RV1，注意电压表的指示值，并观察 D1 显示情况，如图 9-6 所示。

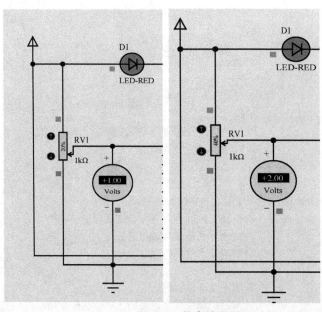

图 9-6　仿真结果图

9.2.4　相关知识

1．TLC2543 芯片介绍

（1）TLC2543 的引脚功能

如图 9-7 所示，各引脚名称及功能如下所述。

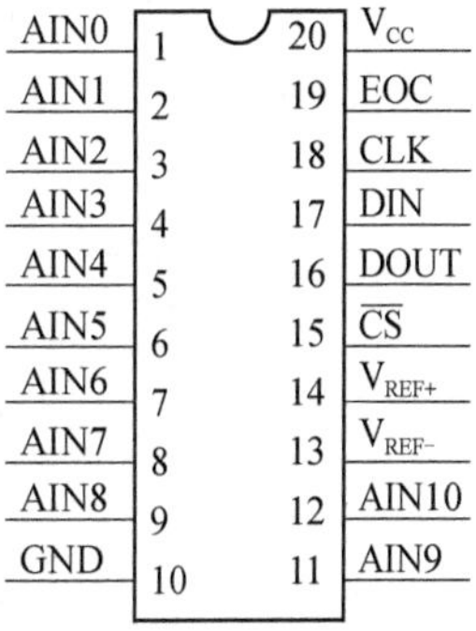

① AIN0～AIN10：模拟输入端。11 路模拟量由内部多路器选通。

② $\overline{CS}$：片选端。在 $\overline{CS}$ 信号由高变低时，内部计数器复位。由低变高时，在设定的时间内 DIN，CLK 禁止输入。

③ DIN：串行数据输入端。串行输入的 8 位数据中，高 4 位（D7～D4）用来选择模拟量输入通道，低 4 位（D3～D0）决定输出数据长度及格式。

④ DOUT：A/D 转换结果的三态数据输出端。在 $\overline{CS}$ 为高时，呈高阻状态；$\overline{CS}$ 为低时，呈激活状态。

AIN0	1	20	V_{CC}
AIN1	2	19	EOC
AIN2	3	18	CLK
AIN3	4	17	DIN
AIN4	5	16	DOUT
AIN5	6	15	$\overline{CS}$
AIN6	7	14	V_{REF+}
AIN7	8	13	V_{REF-}
AIN8	9	12	AIN10
GND	10	11	AIN9

图 9-7　TLC2543 引脚

⑤ EOC：转换结束端。在 CLK 最后一个时钟的下降沿后，EOC 由高变低，并保持到转换完成和数据准备传输为止。

⑥ CLK：I/O 时钟。

⑦ V_{REF+}：正基准电压端。最大的输入电压范围等于 $V_{REF+} - V_{REF-}$。

⑧ V_{REF-}：负基准电压端。

⑨ V_{CC}：电源。

⑩ GND：地。

（2）TLC2543 的工作原理

① 控制字的格式。控制字为从 DATE INPUT 端串行输入的 8 位数据，它规定了 TLC2543 要转换的模拟量通道、转换后的输出数据长度及输出数据的格式。

- 高 4 位（D7～D4）：决定模拟输入通道号。对于 0 通道至 10 通道，该 4 位为 0000～1010。当为 1011～1101 时，用于对 TLC2543 的自检，分别测试 $(V_{REF+} - V_{REF-})/2$，V_{REF+}，V_{REF-} 的值；当为 1110 时，TLC2543 进入休眠状态。

- 低 4 位（D3～D0）：决定输出数据长度及格式。其中 D3，D2 决定输出数据长度，"01" 表示输出数据长度为 8 位，"11" 表示输出数据长度为 16 位，其他为 12 位。D1 决定输出数据是高位先送出，还是低位先送出，为 "0" 表示高位先送出；D0 决定输出数据是单极性（二进制）还是双极性（2 的补码），若为单极性，该位为 "0"，反之为 "1"。

② 转换过程。上电后，片选 $\overline{CS}$ 必须从高到低，才能开始一次工作周期，此时 EOC 为高，输入数据寄存器被置为 "0"，输出数据寄存器的内容是随机的。开始时，片选 $\overline{CS}$ 为高，I/O CLOCK，DATA INPUT 被禁止，DATA OUT 呈高阻状态，EOC 为高；使 $\overline{CS}$ 变低，I/O CLOCK，DATA INPUT 使能，DATA OUT 脱离高阻状态。12 个时钟信号从 I/O CLOCK 端依次加入。随着时钟信号的加入，控制字从 DATA INPUT 逐位地在时钟信号的上升沿时被送入 TLC2543（高位先送入），同时上一周期转换的 A/D 数据，即输出数据寄存器中的数

据逐位地从 DATA OUT 被移出。TLC2543 收到第 4 个时钟信号后，通道号也已收到，此时 TLC2543 开始对选定通道的模拟量进行采样，并保持到第 12 个时钟的下降沿。在第 12 个时钟下降沿，EOC 变低，开始对本次采样的模拟量进行 A/D 转换，转换时间约需 10μs。转换完成后，EOC 变高，转换的数据在输出数据寄存器中，待下一个工作周期输出。此后，可以进行新的工作周期。对 TLC2543 的操作，关键是理清接口时序图和寄存器的使用方式。TLC2543 的接口时序图如图 9-8 所示。

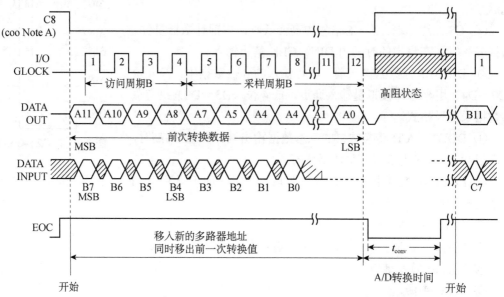

图 9-8　在 $\overline{\text{CS}}$ 使能的前提下，使用 12 位模式的接口时序图

2．数字量与工程量转换

电路中 $V_{\text{REF+}} - V_{\text{REF-}} = 5\text{V}$。当输入电压为 +5V，即测试温度为 500℃ 时，12 位 A/D 转换器输出的数字量为 4 095（满度值），所以在测试温度值为 200℃，即输入电压为 +2V 时，输出的数字量为

$$D = \frac{200}{500} \times 4\,095 = 1\,638$$

主函数中根据测试值是否大于 1 637 来判断被测温度值是否大于 200℃，当温度高于 200℃，报警灯点亮。

9.2.5　问题讨论

① 在硬件仿真电路中，用单片机的普通 I/O 口扩展串行 A/D 转换器 TLC2543，电路比较简单。利用单片机对 I/O 口的操作，模拟实现 TLC2543 的访问时序。任务的程序中，read2543（）函数的正确编写是关键点，要特别注意控制字的写入和转换数据的读出方法。

② 任务中用电位器输入电压来模拟实际温度值的大小，温度 0~500℃ 对应的电压输入为 0~5V。对 TLC2543 而言，在参考电源电压为 5V 时，0~5V 模拟输入电压对应输出的数字量为 0~4095，单片机在获得模拟量对应的数字量时，可根据模拟输入通道的信号变换关系计算

出被测的工程量。在本任务中，如果 A/D 转换后的数字量为 3 000，实际温度是多少？

9.2.6 任务拓展

① 用单片机的 P3 口引脚来替换任务中的 P1 口引脚，修改程序完成任务功能。

② 用 TLC2543 来设计一个温度测量系统，用电位器输入 0～5V 电压，模拟温度输入，被测温度是 0～1000℃，显示器用 LCD1602。试设计电路和编写程序实现功能。

任务 3　用并行数/模转换芯片 DAC0832 构成简易波形发生器

9.3.1 任务目标

本任务是利用外部扩展的 8 位并行 DAC0832 转换芯片实现数字量转模拟量，构成简易波形发生器。通过按键选择产生波形类型，并通过示波器观察波形。通过本任务的学习，掌握 DAC0832 转换芯片的内部结构和工作原理；掌握 DAC0832 转换芯片与 AT89C51 的接口电路设计；掌握 DAC0832 各种工作方式的程序编写方法。

9.3.2 任务描述

用按键选择产生波形类型，CPU 根据产生的波形类型将对应的数字量输出到 DAC0832，然后启动 D/A 转换。因为 DAC0832 是电流输出型器件，所以电路中外接了一个运算放大器，将电流转化为电压。输出波形通过虚拟示波器观察。其硬件仿真电路如图 9-9 所示。

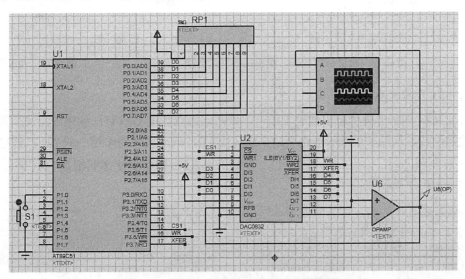

图 9-9　单片机与 DAC0832 连接仿真电路

9.3.3 任务实施

1．利用 Proteus 仿真软件绘制电路原理图

利用 Proteus 仿真软件绘制电路原理图 9-9，绘制原理图时添加的元件见表 9-4。

表 9-4 元件列表

元件编号	元件参考名	元件参数值
U6	OPAMP	
RP1	RESPARK	1kΩ
U1	AT89C51	
U2	DAC0832	
S1	BUTTON	

（1）电压探针的放置

单击选择电压探针模式和虚拟仪器模式，如图 9-10 所示。

（2）示波器的放置

单击选择虚拟仪器模式，如图 9-10 所示。在仪器选择窗口选择示波器，如图 9-11 所示。

电压探针模式　　　　　　　　　　　虚拟仪器模式

图 9-10　电压探针模式、虚拟仪器模式选择　　　　图 9-11　示波器选择

2．C51 应用程序的编译

首先判断 P10 引脚状态。如果 P10=1，调用输出锯齿波的函数；如果 P10=0，调用输出方波的函数。从图 9-9 所示电路可知，DAC0832 与单片机之间采用一般 I/O 口连接，编写 D/A 转换程序时，对应 $\overline{CS}$，$\overline{XFER}$，$\overline{WR1}$ 和 $\overline{WR2}$ 控制引脚状态要根据 DAC0832 的转换时序利用程序来模拟。

```
#include<at89x51.h>
#define uchar unsigned char
sbit daccs1=P3^5;        //定义片选信号输出引脚
sbit wr=P3^6;            //定义写输出引脚
sbit dacxfer=P3^7;       //定义启动转换控制引脚
```

```
sbit P10=P1^0;
void delay（uchar i）
  {while（i--）
      {；}
  }
/****定义输出锯齿波函数****/
void diapsawt（void）
  { uchar i=0;
    while（i<255）
    {
        daccs1=0;
        wr=0;
        P0=i;
      daccs1=1;
      dacxfer=0;
      delay（5）;
      i++;
      wr=1;
      dacxfer=1;
    }
}
/*****定义输出方波函数****/
void diapsqua（void）
{
    daccs1=0;
    wr=0;
    P0=0;
    daccs1=1;
    dacxfer=0;
    delay（200）;
    wr=1;
    dacxfer=1;
    daccs1=0;
    wr=0;
    P0=127;
    daccs1=1;
    dacxfer=0;
    delay（200）;
    wr=1;
    dacxfer=1;
  }
main（ ）
{
    while（1）
    { if（P10）diapsawt（ ）;
      else   diapsqua（ ）;
    }
}
```

3．执行程序观察效果

将编译成功后的.HEX 文件加载到 CPU，并执行程序。操作按键，注意电压探针的指示值，并观察示波器输出的波形。仿真运行时，分别松开按键和按下按键，观察方波和锯齿波，如图 9-12 和图 9-13 所示。

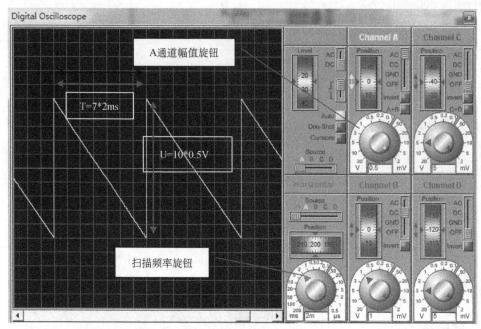

图 9-12　输出的锯齿波

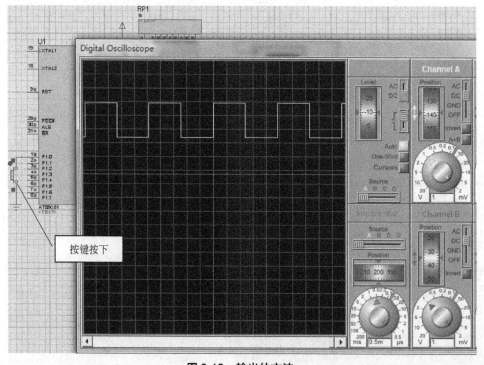

图 9-13　输出的方波

在图 9-12 中，标出了锯齿波周期 T。根据扫描频率旋钮可知，每一格表示 2ms，所以 T=7 格×2ms/格=14ms；根据 A 通道幅值旋钮可知，每一格表示 0.5V，所以 U=10 格×0.5V/格=5V。

9.3.4　相关知识

1．D/A 转换器概述

D/A 转换器的基本功能是将一个用二进制表示的数字量转换成相应的模拟量。实现这种转换的基本方法是对应于二进制数的每一位产生一个相应的电压（电流），而这个电压（电流）的大小则正比于相应的二进制位的权。它的主要技术指标包括以下内容。

① 分辨率：通常用数字量的数位表示，一般为 8 位、12 位、16 位等。分辨率 10 位，表示它可能对满量程的 $1/2^{10}$=1/1024 的增量做出反应。

② 输入编码形式：如二进制码、BCD 码等。

③ 转换线性：通常给出在一定温度下的最大非线性度，一般为 0.01%～0.03%。

④ 转换时间：通常为几十纳秒到几微秒。

⑤ 输出量：有电压输出量和电流输出量。

2．DAC0832 的主要特性

DAC0832 是采用 CMOS 工艺制成的双列直插式单片 8 位 D/A 转换器。它可直接与 AT89C51 单片机相连，以电流形式输出；当转换为电压输出时，可外接运算放大器。其主要特性有以下。

① 输出电流线性度可在满量程下调节。

② 转换时间为 1μs。

③ 数据输入可采用双缓冲、单缓冲或直通方式。

④ 增益温度补偿为 0.02%FS/℃。

⑤ 每次输入数字为 8 位二进制数。

⑥ 功耗 20mW。

⑦ 逻辑电平输入与 TTL 兼容。

⑧ 供电电源为单一电源，可为 5～15V。

3．DAC0832 的内部结构及外部引脚

DAC0832 D/A 转换器，其内部结构由一个数据寄存器、DAC 寄存器和 D/A 转换器三大部分组成。DAC0832 内部结构图如图 9-14 所示。

输入数据寄存器和 DAC 寄存器用来实现两次缓冲，在 ILE 引脚为高电平时，这两个寄存器分别受 $\overline{CS}$，$\overline{WR1}$ 和 $\overline{WR2}$，$\overline{XFER}$ 控制。当多芯片同时工作时，可用同步信号实现各模拟量同时输出。DAC0832 的外部引脚图如图 9-15 所示。

各引脚功能简介如下所示。

① $\overline{CS}$：片选信号，低电平有效。与 ILE 相配合，可对写信号 $\overline{WR1}$ 是否有效起到控制作用。

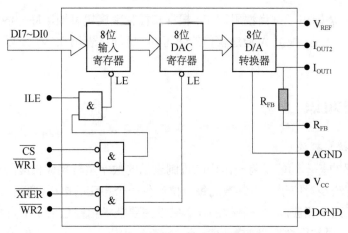

图 9-14　DAC0832 内部结构图

1	$\overline{CS}$	V_{CC}	20
2	$\overline{WR1}$	ILE	19
3	AGND	$\overline{WR2}$	18
4	DI3	$\overline{XFER}$	17
5	DI2	DI4	16
6	DI1	DI5	15
7	lsbDI0	DI6	14
8	V_{REF}	msbDI7	13
9	Rfb	I_{OUT2}	12
10	DGND	I_{OUT1}	11

图 9-15　DAC0832 的外部引脚图

② ILE：允许输入锁存信号，高电平有效，输入寄存器的锁存信号由 ILE，$\overline{CS}$ 和 $\overline{WR1}$ 的逻辑组合产生。当 ILE 为高电平，$\overline{CS}$ 为低电平，$\overline{WR1}$ 输入负脉冲时，输入寄存器的锁存信号产生正脉冲。当输入寄存器的锁存信号为高电平时，输入线上的信息打入输入锁存器；当输入寄存器的锁存信号为低电平时，输入锁存器的输出不变。

③ $\overline{WR1}$：输入寄存器写信号，低电平有效。当 $\overline{WR1}$，$\overline{CS}$ 和 ILE 均有效时，可将数据写入 8 位输入寄存器。

④ $\overline{WR2}$：DAC 寄存器写信号，低电平有效。当 $\overline{WR2}$ 有效时，在 $\overline{XFER}$ 传送控制信号作用下，可将锁存在输入寄存器的 8 位数据送到 DAC 寄存器。

⑤ $\overline{XFER}$：数据传送信号，低电平有效。当 $\overline{WR2}$，$\overline{XFER}$ 均有效时，在 DAC 寄存器的锁存信号产生正脉冲；当 DAC 寄存器的锁存信号为高电平时，DAC 寄存器的输出和输入寄存器的状态一致。DAC 寄存器锁存信号的负跳变，输入寄存器的内容打入 DAC 寄存器。

⑥ V_{REF}：基准电源输入端，极限电压为 ±25V。

⑦ DI0～DI7：8 位数字量输入端，DI7 为最高位，DI0 为最低位。

⑧ I_{OUT1}：DAC 的电流输出 1，当 DAC 寄存器各位为"1"时，输出电流为最大。当 DAC 寄存器各位为"0"时，输出电流为"0"。

⑨ I_{OUT2}：DAC 的电流输出 2。它使 $I_{OUT1}+I_{OUT2}$ 恒为一常数。一般在单极性输出时，I_{OUT2} 接地，在双极性输出时接运放。

⑩ R_{FB}：反馈电阻。在 DAC0832 芯片内有一个反馈电阻，可用作外部运放的分路反馈电阻。

⑪ V_{CC}：供电电源。

⑫ DGND：数字地。

⑬ AGND：模拟信号地。两种不同的地最后总接在一起，以便提高干扰能力。

DAC0832 与 DAC0830、DAC0831 这两种芯片的引脚和逻辑性能完全兼容，只是精度指标不同。

4．DAC0832 与 AT89C51 的接口设计

在 DAC0832 内部有两个寄存器，可以实现直通、单缓冲和双缓冲三种工作方式。

直通方式是指两个寄存器都处于开通状态，即所有有关的控制信号都处于有效状态，输入寄存器和 DAC 寄存器中的数据随 DI0～DI7 的变化而变化。也就是说，输入的数据会被直接转换成模拟信号输出。这种方式在微机控制系统中很少采用。

单缓冲器方式即输入寄存器的信号和 DAC 寄存器的信号同时控制，使一个数据直接写入 DAC 寄存器。这种方式适用于只有一路模拟量输出或几路模拟量不需要同步输出的系统。接口电路可设计为如图 9-16 所示电路。

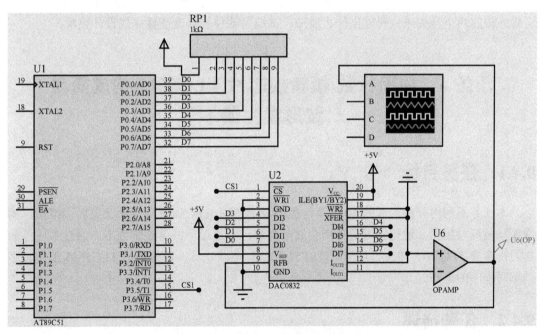

图 9-16　DAC0832 的单缓冲电路仿真图

图 9-16 中，仅由 $\overline{CS}$ 控制数据是否允许送入到 DAC0832 内部，数据进入到 DAC0832 后，直接启动转换。

双缓冲器方式即输入寄存器的信号和 DAC 寄存器信号分开控制，这种方式适用于几个模拟量需同时输出的系统。图 9-9 是双缓冲工作方式电路，在 $\overline{WR1}$、$\overline{WR2}$ 接地时（即

恒为有效状态），输入寄存器仅由 $\overline{CS}$ 引脚信号控制，DAC 寄存器仅由 $\overline{XFER}$ 引脚信号控制。

9.3.5　问题讨论

① 本任务中 DAC0832 是双缓冲工作方式，由于采用的是普通 I/O 口的硬件扩展方式，DAC0832 的 $\overline{WR1}$、$\overline{WR2}$ 引脚可接地，即不受单片机控制。任务中只有一路模拟量输出，可以将硬件电路设计成如图 9-16 所示电路，程序会更加简单。

② 由于 DAC0832 是电流输出型的 D/A 转换器，要想将数字量转换成电压，必须外接运算放大器实现 I/V 变换。由于运算放大器是反相输入的，输出为负电压，所以在实际电路设计中，一般选用双电源供电的运算放大器，保证能输出负电压。同时，再加一级反相器就可得到正电压。

9.3.6　任务拓展

① 将任务硬件电路中的 OPAMP 换成 LM324，双电源供电，并加一级反相器，使输出模拟电压量为正电压。

② 扩展系统功能，使系统能够输出方波、锯齿波、三角波、正弦波，通过 P1.0，P1.1 引脚外接的两个开关来选择输出什么波形，试编写软件和修改硬件完成设计要求。

任务 4　用串行数/模转换芯片 TLC5615 构成简易波形发生器

9.4.1　任务目标

本任务是利用外部扩展的 10 位串行数/模转换芯片 TLC5615 实现数字量转模拟量，构成简易波形发生器。通过按键选择产生波形类型，并通过示波器观察波形。通过本任务的学习，掌握 TLC5615 转换芯片与 AT89C51 的接口电路设计；掌握根据 TLC5615 工作时序图编写程序的方法。

9.4.2　任务描述

用按键选择产生波形类型，CPU 根据产生的波形类型调用产生锯齿波或方波的函数。在这两个函数里面都有调用对 TLC5615 写数据的函数。因为 TLC5615 输出端输出的是电压，可直接接示波器。输出波形通过虚拟示波器观察。其硬件仿真电路如图 9-17 所示。

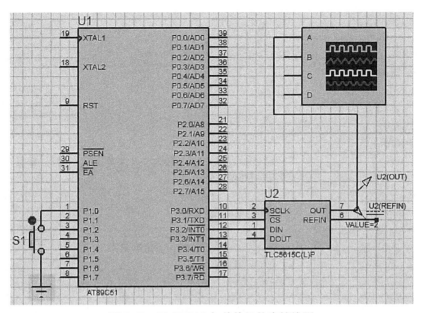

图 9-17　TLC5615 与单片机仿真接线图

9.4.3　任务实施

1．利用 Proteus 仿真软件绘制电路原理图

利用 Proteus 仿真软件绘制电路原理图 9-17，绘制原理图时添加的元件见表 9-5。

表 9-5　元件列表

元件编号	元件参考名	元件参数值
U2	TLC5615	
U1	AT89C51	
S1	BUTTON	

2．C51 应用程序的编译

首先判断 P1.0 引脚状态，如果 P1.0 引脚为"1"，调用输出锯齿波的函数；如果 P1.0 引脚为"0"，调用输出方波的函数。从图 9-17 硬件仿真电路可知，P3.0 引脚用于模拟时钟输出，P3.1 作为片选信号输出，P3.2 用于串行数据输出。编写 D/A 转换程序时，对应 $\overline{CS}$，SCLK 引脚状态，要根据 TLC5615 的转换时序用程序来模拟。

```
#include<at89x51.h>
#define uint unsigned int
#define uchar unsigned char
sbit sclk=P3^0;
sbit cs=P3^1;
sbit din=P3^2;
sbit P10=P1^0;
void delay（uchar i）          //延时几微秒时间
    {while（i--）
```

```
            {; }
        }
/********模拟时序对 TLC5615 进行写数据并转换*********/
void write（uint d）
{ uchar i;
    uchar d_2, d_8;
    d_2=d/256;
    d_8=d%256;
    d_2<<=6;                    //将转换的高2位数据移到 d_2 变量的位7、位6位置
    cs=0;                       //为写 bit 做准备
    sclk=0;
    for（i=0; i<2; i++）          //先输入高2位
    {
        if（d_2&0x80） din=1;    //若输出的最高位为1，则数据输出1
        else   din=0;           //反之，输出0
        sclk=1;                 //时钟上升沿，数据引脚上的数据进入到 TLC5615
        sclk=0;
        d_2<<=1;
    }
    for（i=0; i<8; i++）          //后输入低8位
    {
        if（d_8&0x80）din=1;
        else   din=0;
        sclk=1;
        sclk=0;
        d_8<<=1;
    }
    for（i=0; i<2; i++）          //输入无关的2位
    {
        din=0;
        sclk=1;
        sclk=0;
    }
    cs=1;
    sclk=0;
}
/********产生锯齿波*********/
void diapsawt（void）
{uint i=0;
    while（i<1024）               //输出0～4V 电压
    {
        write（i）;
        i++;
    }
}
/********产生方波*******/
void diapsqua（void）
```

```
{
    write（0）;                    //输出 0V
    delay（200）;
    write（512）;                  //输出 2V
    delay（200）;
}
main（）
{
    while（1）
    { if（P10）diapsawt（）;
      Else diapsqua（）;
    }
}
```

3．执行程序观察效果

将编译成功后的.HEX 文件加载到 CPU，并执行程序。操作按键，注意电压探针的指示值，并观察示波器输出的波形。

9.4.4 相关知识

1．TLC5615 引脚及功能

TLC5615 引脚如图 9-18 所示。TLC5615 引脚功能如表 9-6 所示。

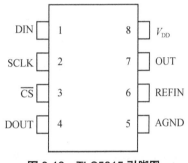

图 9-18 TLC5615 引脚图

表 9-6 TLC5615 引脚功能表

引脚		I/O	说明
名称	序号		
DLN	1	I	串行数据输入
SCLK	2	I	串行时钟输入
$\overline{CS}$	3	I	芯片选择，低有效
DOUT	4	O	用于菊花链（daisy chaining）的串行数据输出
AGND	5		模拟地
REFIN	6	I	基准输入
OUT	7	O	DAC 模拟电压输出
V_{DD}	8		正电源

2．TLC5615 的工作原理

串行数/模转换器 TLC5615 的使用方式有两种，即非级联方式和级联方式。本任务采用非级联方式，输入数据序列如图 9-19 所示。DIN 只需输入 12 位数据，前 10 位输入 TLC5615 的 D/A 转换数据，输入时高位在前，低位在后，后两位写入数值"0"。

第二种方式为级联方式，即 16 位数据序列，输入数据序列如图 9-20 所示。可以将本片的 DOUT 接到下一片的 DIN。DIN 需要先后输入高 4 位虚拟位、10 位有效位和低 2 位填充位。由于增加了高 4 位虚拟位，所以需要 16 个时钟脉冲。

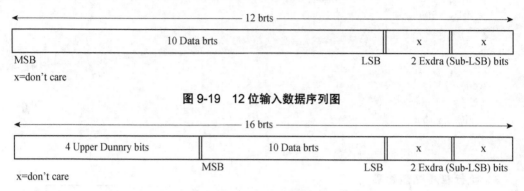

图 9-19　12 位输入数据序列图

图 9-20　16 位输入数据序列

3．输出电压计算公式

TLC5615 使用通过固定增益为 2 的运放缓冲的电阻串网络，把 10 位数字数据转换为模拟电压电平，TLC5615 的输出具有与基准输入相同的极性。无论工作在哪一种方式，输出电压为

$$V_{\mathrm{OUT}} = 2V_{\mathrm{REFIN}} \times N / 1\,024$$

其中，V_{REFIN} 是参考电压，N 为输入的二进制数。

注意，输出电压最大值只能是 $V_{\mathrm{DD}}-0.4V$，所以参考电压 V_{REFIN} 必须为 0～2.3V，仿真电路取 2V。

4．TLC5615 工作时序

TLC5615 工作时序如图 9-21 所示。D/A 转换时间 12.5μs，故一次写入数据（$\overline{\mathrm{CS}}$ 引脚从低电平到高电平跳跃）后，必须延时 15μs 左右才能第二次输入数据，启动 D/A 转换。

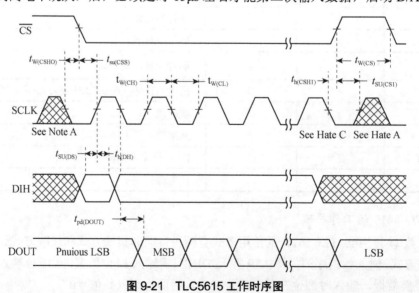

图 9-21　TLC5615 工作时序图

9.4.5 问题讨论

① 程序中 write（）函数是 TLC5615 的写入数据并启动转换的函数，是根据图 9-19 和图 9-21 编写的。函数利用 3 个 for 循环语句将 12 位的数据写入到 TLC5615 并启动转换，方法看似比较复杂，但思路非常清晰。也可以只用一个 for 循环语句来完成。

② 由于 TLC5615 是电压输出型的 D/A 转换器，将数字量直接转换成电压，无须外接运算放大器实现 I/V 变换。TLC5615 输出电压与输入的二进制数的关系为 $V_{OUT} = 2V_{REFIN} \times N / 1024$，且 V_{OUT} 的最大值只能是 $V_{DD}-0.4V$，所以在设计 V_{REFIN} 时，必须使参考电压 V_{REFIN} 为 0～2.3V，否则在 V_{OUT} 达到最大值后，即使 N 再增加，V_{OUT} 也不会再变大了。

9.4.6 任务拓展

① 修改 write（）函数，用一条 for 语句直接对 TLC5615 写入 12 位数据，并实现转换。硬件电路不变，试编写程序完成任务功能。

② 扩展系统功能，使系统能够输出方波、锯齿波、三角波、正弦波，通过 P1.0，P1.1 引脚外接的两个开关来选择输出什么波形，试编写软件和修改硬件完成设计要求。

单元检测题 9

一、单选题

1. A/D 转换的精度由_____确定。

    A. A/D 转换位数   B. 转换时间   C. 转换方式   D. 查询方式

2. 8 位 D/A 转换器当输入数字量只有最低位为 1 时，输出电压为 0.02V，如果输入数字量只有最高位为 1 时，则输出电压为_____V。

    A. 0.039   B. 2.56   C. 1.27   D. 都不是

3. D/A 转换器的主要参数有_____、转换精度和转换速度。

    A. 分辨率   B. 输入电阻   C. 输出电阻   D. 输出量

4. AT89C51 单片机只能输出_____量。

    A. 数字   B. 模拟   C. 模拟和数字

5. 由 DAC0832 构成的多路 D/A 转换系统中为实现多路模拟信号同步输出，常采用_____。

    A. 直通工作方式   B. 单缓冲工作方式

    C. 双缓冲工作方式   D. 均可

二、填空题

1. ADC0809 是一种_____路模拟量输入、_____位数字并行输出的 A/D 转换器。

2. TLC2543 是一种_____路模拟量输入、_____位串行 A/D 转换器。

3. A/D 转换器的作用是将_____量转为_____量；D/A 转换器的作用是将_____量转为_____量。

4. A/D 转换器两个最重要的指标是_____和_____。

5. 描述 D/A 转换器性能的主要指标有_____、_____、_____。

6. DAC0832 芯片输出的是直流_____，TLC5615 芯片输出的是直流_____。

三、简答题

1. 简述 ADC0809 与单片机的两种接口电路设计方法。

2. 简述 DAC0832 三种工作方式的电路设计方法。

单元 10　单片机应用系统综合设计

项目 1　亮度可调和光色可变的 LED 灯的设计

10.1.1　项目说明

本项目要求设计具有如下功能的 LED 灯。

① 具备光色选择功能。

② 具备亮度增加功能。

③ 具备亮度减少功能。

10.1.2　设计思路

1．亮度可调方案

通过 PWM 对 LED 灯的亮度控制，即使单片机产生 PWM 脉冲波，由 I/O 口输出至 LED 灯，其脉冲宽度可调节灯的亮度。

2．光色可调方案

通过对外接的红、绿、蓝发光二极管的控制组合，实现 7 种颜色的变化。

3．按键方案

利用单片机 I/O 引脚直接外接 3 个按键，实现光色选择、亮度增加和减小选择。

10.1.3　硬件仿真电路设计

以单片机最小系统为核心，显示部分为 3 只 LED 灯（红、蓝、绿），分别连接到 P1 端口的 P1.0～P1.2 引脚；按键部分由 3 个普通的独立按键组成，分别接到 P2 端口的 P3.0～P3.2 引脚，分别实现光色选择、亮度增加和亮度减小。硬件仿真电路如图 10-1 所示。

绘制硬件仿真电路时，添加的元件见表 10-1。

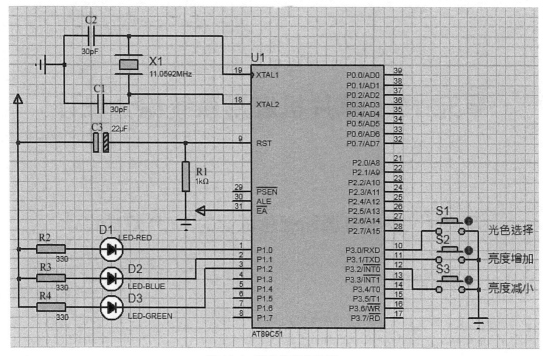

图 10-1 硬件仿真电路图

表 10-1 元件列表

元件编号	元件参考名	元件参数值
U1	AT89C51	
C1，C2	CAP	30pF
C3	CAP-ELEC	22μF
S1～S3	BUTTON	
R2～R4	RES	330
R1	RES	1kΩ
发光二极管	LED	红、绿、蓝
X1	CRYSTAL	12MHz

10.1.4 软件设计

1. 单片机 PWM 对 LED 亮度的控制原理

PWM 即脉冲宽度调制（Pulse Width Modulation），是利用微处理器的数字输出来控制模拟电路的一种技术，广泛应用于通信、测量、功率变换等领域。单片机的 PWM 控制主要是通过软、硬件在指定的 I/O 端口引脚输出工作时间可调的一定频率的脉冲信号实现的，方法有多种，如通过内置 PWM 模块、编程模拟、定时器模拟和外围硬件电路模拟实现等。C51 系列单片机无内置 PWM 模块，使用时通常利用编程模拟和定时器模拟 PWM 输出。在 PWM 波的一个周期内，LED 灯一段时间导通一段时间不导通，因为 PWM 频率较高，

LED 灯的亮灭变化不易显现，所以只能通过一个周期内的平均电压反映 LED 灯的亮度。本项目中，单片机的 P1.0，P1.1，P1.2 引脚输出低电平才点亮 LED 灯，所以在 PWM 波形周期内，平均值电压越低，LED 灯越亮。PWM 波形示意图如图 10-2 所示。

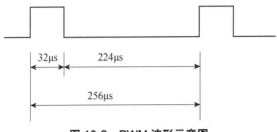

32μs　224μs　256μs

图 10-2　PWM 波形示意图

对图 10-2 而言，如果是单片机的 I/O 引脚输出 PWM 波形，一个周期内的平均值电压 U 可用下面公式计算：

$$U=\frac{高电平宽度时间}{波形周期}\times V_{CC}=\frac{32}{256}\times 5$$

在利用定时器完成模拟 PWM 波形输出时，通过改变定时器的初始值，来改变 PWM 脉冲宽度或者占空比（高电平时间比上周期），就可改变一个周期内的平均电压。

2．LED 灯光变色原理

本项目选择了三个不同颜色的 LED 灯，分别为红、蓝、绿色。这三种颜色的灯光再根据三基色原理组合，可以实现七种不同颜色的灯光。组合发光的原理如下。

① 红色光和蓝色光组合产生紫色光。

② 红色光和绿色光组合产生黄色光。

③ 蓝色光和绿色光组合产生青色光。

④ 红、蓝、绿三色光组合产生白色光。

系统设置一个按键 S1 控制三个 LED 灯的亮灭。当 S1 按键按下时，灯的颜色依次循环变化，顺序见表 10-2。

表 10-2　LED 灯亮灭状态及颜色表

序号	LED 灯亮灭状态	组合灯的颜色	对应的 16 进制码
1	11111111	全灭	0xff
2	11111110	红	0xfe
3	11111101	蓝	0xfd
4	11111011	绿	0xfb
5	11111100	红+蓝=紫	0xfc
6	11111010	红+绿=黄	0xfa
7	11111001	蓝+绿=青	0xf9
8	11111000	红+蓝+绿=白	0xf8

3．源程序设计

```
#include<reg51.h>
unsigned char disp []={0xff, 0xfe, 0xfd, 0xfb, 0xfc, 0xfa, 0xf9, 0xf8};
                            //以不同的灯亮来定义台灯颜色，组合共有 8 种颜色（含全灭）
sbit S1=P3^0;               //颜色选择按键
sbit S2=P3^1;               //亮度增加按键
sbit S3=P3^2;               //亮度减小按键
unsigned int i=0;
int on=250;
int off=250;
/***** 延时函数，j 次空操作 *********/
void delay（unsigned int j)
{
        unsigned int k;
        for（k=0; k<j; k++);
}
/***** 颜色选择函数******/
void led_color（ ）                //颜色选择
{
    unsigned char j;
    if（S1==0)                      //判断 S1 按键是否按下
    {
      for（j=0; j<20; j++)          //S1 按下，调用二极管显示函数，延时去抖
       {
            P1=0xff;
            delay（off);
            P1=disp [i];
            delay（on);
       }
       if（S1==0)                    //如果延时后，S1 按键确实按下
       {
          i++;
          if（i==8)  i=0;
       }
     }
}
void pwm（ ）                        //亮度调节
{
        unsigned char j;
        P1=0xff;
        delay（off);
        P1=disp [i];
        delay（on);
        if（S2==0)                   //判断 S2 按键是否按下
        {
          for（j=0; j<20; j++)       //S2 按键按下，延时去抖
          {
```

```
                    P1=0xff;
                    delay（off）;
                    P1=disp [i];
                    delay（on）;
                }
            if（S2==0）              //延时后再一次判断
            {
                if（off==0）         //判断低电平时间是否等于 0
                {
                    on=0;
                    off=500;
                }
                on=on+10;
                off=off-10;
            }
        }
        if（S3==0）
        {
            for（j=0; j<20; j++）
            {
                P1=0xff;
                delay（off）;
                P1=disp [i];
                delay（on）;
            }
            if（S3==0）
            {
                if（on==0）
                {
                    on=500;
                    off=0;
                }
                on=on-10;
                off=off+10;
            }
        }
    }

}
main（ ）
{
    while（1）
    {
        led_color（ ）;
        pwm（ ）;
    }
}
```

10.1.5　系统调试

系统调试包括硬件调试和软件调试。硬件调试是对系统硬件电路的设计、连接进行检查，找出错误并解决；软件调试则要通过调试相应软件对所编程序进行语法和功能的检测，并与硬件相结合，以查看系统功能能否正常实现。在调试过程中，不断发现和改正错误，直到系统运行能完成设计要求。

10.1.6　项目总结

本系统调用 delay（）函数实现单片机引脚输出 PWM 波形，也可利用定时器定时控制单片机引脚输出 PWM 波形。

项目 2　智能数字钟的设计与制作

10.2.1　项目说明

本项目要求设计具有如下功能的数字钟。
① 自动计时，由 6 位 LED 显示器显示时、分、秒。
② 具备校准功能，可以直接由 0～9 数字键设置当前时间。
③ 具备定时启闹功能。

10.2.2　设计思路

1．计时方案

利用 AT89C51 内部的定时器/计数器进行中断定时，配合软件延时实现时、分、秒的计时。该方案节省硬件成本，且能够使读者在定时器/计数器的使用、中断及程序设计方面得到锻炼与提高，因此本系统将采用软件方法实现计时。

2．键盘/显示方案

利用 8255 扩展并行 I/O 口，作为键盘和显示的接口芯片；LED 数码管显示方式采用动态显示。

该方案硬件连接简单，但动态扫描的显示方式需占用 CPU 较多的时间，在单片机没有太多实时测控任务的情况下可以采用。

10.2.3　硬件仿真电路设计

1．电路原理图

电路原理图如图 10-3 所示。数字钟电路的核心是 AT89C51 单片机，系统配备 6 位 LED

显示和 4×3 键盘，采用 8255 作为键盘/显示接口电路。利用 8255 的 A 口作为 6 位 LED 显示的位选口。其中，PA0～PA5 分别对应位 LED0～LED5；B 口则作为段选口；C 口的低 3 位为键盘输入口，对应 0～2 行；A 口同时用作键盘的列扫描口。由于采用共阴极数码管，A 口外接了增加驱动能力的 74LS04 反相器（实际电路采用 74LS06），因此 A 口输出高电平选中相应的位，而 B 口输出高电平点亮相应的段。P1.0 接蜂鸣器，低电平驱动蜂鸣器鸣叫启闹。

由图 10-3 可见，8255 的地址分配如下：控制寄存器为 0x7fff，定义为 PORT；A 口为 0x7ffc，定义为 PORTA；B 口为 0x7ffd，定义为 PORTB；C 口为 0x7ffe，定义为 PORTC。

绘制硬件仿真电路时，添加的元件见表 10-3。

表 10-3　元件列表

元件编号	元件参考名	元件参数值
数码管	7SEG-MPX2-CC	
U1	8255A	
U2	AT89C51	
U3	74LS373	
U4	74LS04	
U5	74LS245	
按键	BUTTON	
RP1	RESPARK	
电阻	RES	
发光二极管	LED	

2. 系统工作流程

（1）时间显示

上电后，系统自动进入时钟显示，从 00：00：00 开始计时，此时可以设定当前时间。

（2）时间调整

按下校时键，系统停止计时，进入时间设定状态，系统保持原有显示并停止计时，同时在时十位闪烁显示，等待输入当前时间。按下 0～9 数字键可以顺序设置时、分、秒，并在相应 LED 管上显示设置值，直至 6 位设置完毕。在任何位置再次按下校时键，则退出设置。若时间设置规范，系统将自动由设定后的时间开始计时显示；否则以原时间继续走时。

（3）闹钟设置/启闹/停闹

按下闹铃键，系统继续走时，初始显示"12：00：- -"（下一次再设置时，显示原设置闹铃时间），进入闹钟设置状态，同时在时十位闪烁显示，等待输入启闹时间。按下 0～9 数字键可以顺序进行相应的时间设置，并在相应 LED 管上显示设置值，直至 4 位设置完毕。在任何位置再次按下闹铃键，则退出设置。这将启动定时启闹功能，并恢复时间显示。闹铃时间到，蜂鸣器鸣叫，直至重新按下闹铃键停闹。

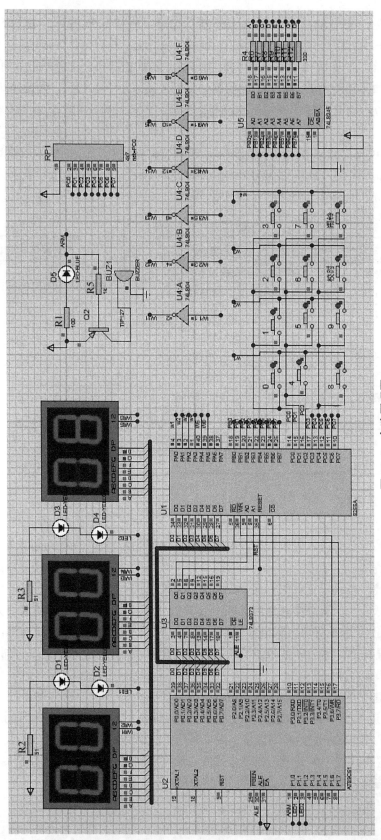

图 10-3　电路原理图

10.2.4　软件设计

1．软件流程

根据上述工作流程，软件设计可分为以下几个功能模块。

① 主程序：初始化与键盘监控。

② 计时：为定时器 0 中断服务子程序，完成刷新计时缓冲区的功能。

③ 时间设置与启闹设置：由键盘输入当前时间与定时启闹时间。

④ 显示：完成 6 位动态显示。

⑤ 键盘扫描：判断是否有按键按下，并求取按键号。

⑥ 定时比较：判断启闹时间到否？如时间到，则启动蜂鸣器鸣叫。

⑦ 其他辅助功能子程序，如键盘设置、拆字、合字、时间合法性检测等。

（1）主程序

主程序流程图如图 10-4 所示。

（2）计时

为定时器 0 中断服务子程序，完成刷新计时缓冲区的功能，流程图如图 10-5 所示。

如前所述，系统定时采用定时器与软件循环相结合的方法。定时器 0 每隔 100 ms 溢出

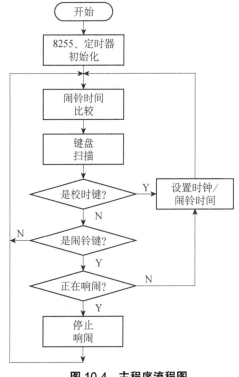

图 10-4　主程序流程图

中断一次，则循环中断 10 次延时时间为 1 s，上述过程重复 60 次为 1min，分计时 60 次为 1h，小时计时 24 次则时间重新回到 00：00：00。设系统使用 6 MHz 的晶振，定时器 0 工作在方式 1，则 100 ms 定时对应的定时器初值可由下式计算得到：

$$定时时间 = (2^{16} - 定时器 0 初值) \times (12/f_{osc})$$

因此，定时器 0 初值 = 0x3cb0，即 $TH_0 = 0x3c$，$TL_0 = 0xb0$。

（3）时间设置与闹钟设置

由键盘输入当前时间与定时启闹时间。流程图如图 10-6 所示。

将键盘输入的时间值合并为 3 位或 2 位压缩 BCD 码（时、分、秒）送入计时缓冲区和闹钟值缓冲区，作为当前计时起始时间或闹钟定时时间。该模块的入口为计时缓冲区或闹钟值寄存区的首地址。程序调用一个键盘设置子程序将键入的 6 位时间值送入显示缓冲区，然后将显示缓冲区中的 6（或 4）位 BCD 码合并为 3（或 2）位压缩 BCD 码，送入计时缓冲区或闹钟值缓冲区。该程序同时作为时间值合法性检测程序。若键盘输入的小时值大于 23，分和秒值大于 59，则不合法，将取消本次设置。另外，为了设置时能明确当前设置位置，在等待键盘输入时，采用当前位闪烁显示提醒。具体采用定时器 1 形成 50ms 中断，然后循环 500ms 显示另 500ms 不显示来完成。

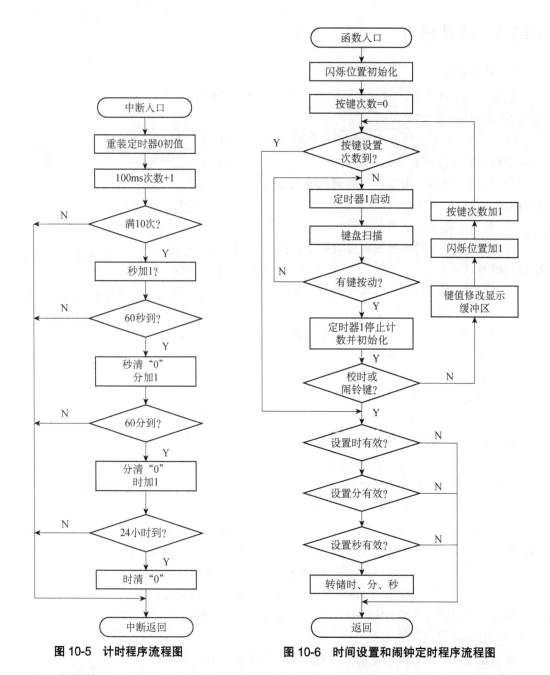

图 10-5 计时程序流程图

图 10-6 时间设置和闹钟定时程序流程图

（4）显示

完成 6 位动态显示。流程图如图 10-7 所示。

将显示缓冲区中的 6 位 BCD 码用动态扫描方式显示。为此，必须首先将 3 字节计时缓冲区中的时、分、秒压缩 BCD 码拆分为 6 字节（百位、十位分别占有 1 字节）BCD 码，这一功能由计时时间时分秒分拆送显示缓冲区子函数来实现。

需要注意的是，当按下时间或闹钟设置键后，在 6（或 4）位设置完成之前，应显示输入的数据，而不显示当前时间。为此，我们设置了一个计时显示允许标志位，在时间/闹钟设置期间标志为"1"，不调用计时时间时分秒分拆送显示缓冲区子函数。

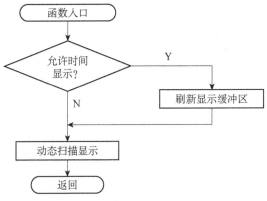

图 10-7　显示程序流程图

（5）键盘扫描

判断是否有按键按下，并求取键号，流程图如图 10-8 所示。

（6）定时比较

判断启闹时间到否。如时间到，则启动蜂鸣器鸣叫。流程图如图 10-9 所示。

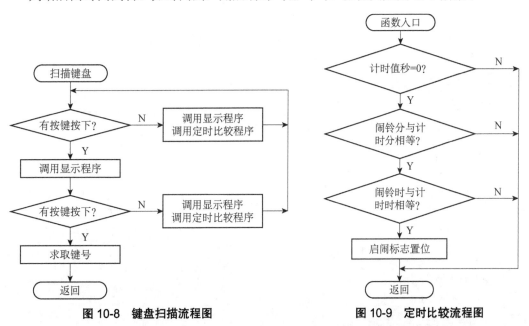

图 10-8　键盘扫描流程图　　　　　　图 10-9　定时比较流程图

将当前时间（计时缓冲区的值）与预设的启闹时间（闹钟设置寄存区的值）比较，二者完全相同时，启动蜂鸣器鸣叫，并置位闹钟标志位。返回后，待重新按下闹铃键停闹，并清零闹钟标志。

2．源程序

```
#include<at89x51.h>
#include <absacc.h >
#define uchar unsigned char
```

```c
#define uint    unsigned int
#define PORT    XBYTE［0x7fff］      /* 8255 控制口地址*/
#define PORTA XBYTE［0x7ffc］       /* 8255 的 A 口地址*/
#define PORTB XBYTE［0x7ffd］       /* 8255 的 B 口地址*/
#define PORTC XBYTE［0x7ffe］       /* 8255 的 C 口地址*/
sbit   alarm_beep=P1^0;                        //闹铃驱动
sbit   led1=P1^1;
sbit   led2=P1^2;
uchar msecond=0;                               //时钟时间：毫秒
uchar location;                                //标记调整时间时位置
uchar buffer;                                  //缓冲存储
uchar times=0;                                 //内部计数
uchar timebuf［3］={0, 0, 0};                   //时钟时间：时、分、秒
uchar alarmbuf［2］={12, 00};                   //闹铃时间：时、分
uchar dispbuf［6］={0, 0, 0, 0, 0, 0};          //显示缓冲区
bit alarm_fg=0;                                //清零闹钟标志位
bit timeset_fg=0;                              //允许计时显示
 /*共阴极字型码表*/
 uchar code table［］={0x3f, 0x06, 0x5b, 0x4f, 0x66, 0x6d, 0x7d, 0x07,
                0x7f, 0x6f, 0x77, 0x7c, 0x39, 0x5e, 0x79, 0x71,
                0x40, 0x00};
//0 1 2 3 4 5 6 7
//8 9 a b c d e f
//- 暗
/*定时器 0 中断服务子程序*/
/*6MHz 晶振，定时 100ms*/
void clock（void）interrupt 1
{
    TL0=0xb7;
    TH0=0x3c;
    msecond++;
   if（msecond==5）{led1=~led1; led2=~led2; }        //LED 闪烁控制 500ms
   if（msecond==10）                                 //1s 时间到
    {
      led1=~led1;
      led2=~led2;
      msecond=0;
      timebuf［2］++;
      if（timebuf［2］==60）                          //1min 时间到
      {
          timebuf［2］=0;
          timebuf［1］++;
          if（timebuf［1］==60）                      //1h 时间到
          {
              timebuf［1］=0;
              timebuf［0］++;
              if（timebuf［0］==24）timebuf［0］=0;     //1 天时间到
```

```
                    }
                }
            }
    }
/*定时器1中断服务子程序*/
void flash（void）interrupt 3
{
        TL1=0x58;                       //重置初值
        TH1=0x9e;
      times++;
      if（times==10）                    //500ms 时间到
        {
            buffer=dispbuf［location］;
            dispbuf［location］=17;
        }
      else if（times==20）
        {
            times=0;
            dispbuf［location］=buffer;
        }
}
/*子函数*/
/*延时 1ms*/
void delay（）
{
    uchar i;
    for（i=248; i>0; i--）{; }
}
/*闹铃时间比较子程序*/
void alarm（void）
{
   if（timebuf［2］==0）                  //整分
   {
      if（timebuf［1］==alarmbuf［1］）      //分相同
       {
            if（timebuf［0］==alarmbuf［0］）  //时相同
            {
                alarm_beep=0;            //启动闹钟鸣叫
                alarm_fg=1;              //置位闹钟标志
            }
        }
    }
}
/*计时时间时分秒分拆送显示缓冲区*/
void time_to_disp（void）
{
    uchar i;
```

```
    uchar j=0;
    for（i=0；i<3；i++）
    {
        dispbuf [j] =timebuf [i] /10;          //取时分秒高4位
        j++;
        dispbuf [j] =timebuf [i] %10;          //取时分秒低4位
        j++;
    }
}
/*闹铃时间时分分拆送显示缓冲区*/
void alarm_to_disp（void）
{
    uchar i;
    uchar j=0;
    for（i=0；i<2；i++）
    {
        dispbuf [j] =alarmbuf [i] /10;         //取时分秒高4位
        j++;
        dispbuf [j] =alarmbuf [i] %10;         //取时分秒低4位
        j++;
    }
}
/*显示子程序 DISPLAY*/
void display（void）
{
    uchar i, selcode;
    if（timeset_fg==0）time_to_disp（）;      //允许计时则刷新显示缓冲区
    selcode=0x01;                            //首扫描码
    for（i=0；i<6；i++）
    {
        PORTB=0x00;                          //段码送 00 关显示
        PORTA=selcode;                       //先送位选通信号
        PORTB=table [dispbuf [i]];           //查表取段码
        delay（）;                            //延时 1ms
        selcode=（selcode<<1）;               //扫描显示下一数码管
    }
}
/* 键扫描函数 */
uchar keyscan（void）
{
    uchar scancode, tmpcode;
    PORTB=0x00;                              //关显示，消阴影
    PORTA=0x00;                              //发全"0"行扫描码
    if（（PORTC&0x07）!=0x07）                //若有键按下
    {
        display（）;                          //延时去抖动，以显示扫描时间作为延时
        alarm（）;                            //闹铃时间比较
```

```
            PORTB=0x00;                          //关显示，消阴影
            PORTA=0x00;
            if ((PORTC&0x07) !=0x07)              //延时后再判断一次，去除抖动影响
          {                                       //有按键按下逐行扫描
                scancode=0xfe;                    //首列扫描字
                while ((scancode&0x10) !=0)
                {
                    PORTA=scancode;               //输出列扫描码
                    if ((PORTC&0x07) !=0x07)      //本列有按键按下
                    {
                        tmpcode=PORTC|0xf8;        //保留行信息，只有该行数据位为"0"
                        tmpcode= (tmpcode<<4) |0x0f; //行信息转换到高 4 位存储
                        /* 返回特征字节码，为 1 的位即对应行和列 */
                        do {
                            display ();            //延时去抖动，以显示扫描时间作为延时
                            alarm ();              //闹铃时间比较
                            PORTA=0x00;
                        }while ((PORTC&0x07) !=0x07);  //等键抬起
                        return ((~scancode) + (~tmpcode));
                    }
                    else scancode= (scancode<<1) |0x01;//列扫描码左移一位
                }
            }
        }
    return (0);                                    //无按键按下，返回值为 0
}
/* 键值获取函数 */
uchar getkeynum (void)
{
    uchar key, keynum=0;
    if ((key=keyscan ()) !=0)                      //调用键盘扫描函数
    {
        switch (key)
        {
            case 0x11:                             //第 1 行第 1 列
                keynum=10;                         //数字键 0
                break;
            case 0x21:                             //第 2 行第 1 列
                keynum=4;                          //数字键 4
                break;
            case 0x41:                             //第 3 行第 1 列
                keynum=8;                          //数字键 8
                break;
            case 0X12:
                keynum=1;                          //数字键 1
                break;
            case 0X22:
```

```
                keynum=5;                              //数字键 5
                break;
            case 0X42:
                keynum=9;                              //数字键 9
                break;
            case 0X14:
                keynum=2;                              //数字键 2
                break;
            case 0X24:
                keynum=6;                              //数字键 6
                break;
            case 0X44:
                keynum=11;                             //校时键
                break;
            case 0X18:
                keynum=3;                              //数字键 3
                break;
            case 0X28:
                keynum=7;                              //数字键 7
                break;
            case 0X48:
                keynum=12;                             //闹钟时间
                break;
                default: break;
        }
    }
    return (keynum);
    }
/*键盘修改计时初值或闹铃时间子程序*/
void modify (uchar data *p, uchar num)
{
    uchar i, buf;
    uchar key=0;
    location=0;
    for (i=0; i<num; i++)                              //6 位时间输入完否
    {
        do {TR1=1; key=getkeynum (); display (); } while (key==0);
        /*扫描键盘，并对输入数进行合法性检测，只有 1~10*/
        TR1=0; times=0; TL1=0x58; TH1=0x9e;            //初始化，重要！！
        if (key==10) key=0;                            //转换数字 0
        else if (key>10) break;
        dispbuf [i] =key;                              //键值送显示缓冲区
        key=0;                                         //下次按键前，必须清零
        location++;
    }
    buf=dispbuf [0] *10+dispbuf [1];                   //时
    if (buf>23) return;
```

```c
        else *p=buf;                        //送数据到时缓冲（计时或闹铃）
            p++;                            //地址调整
            buf=dispbuf[2]*10+dispbuf[3];
        if(buf>59)return;
        else *p=buf;                        //送数据到分缓冲（计时或闹铃）
        if(num>4)
        {
            p++;                            //地址调整
            buf=dispbuf[4]*10+dispbuf[5];
            if(buf>59)return;
            else *p=buf;                    //送数据到秒缓冲（计时）
        }
    }
    /*主程序*/
    void main(void)
{
    uchar keyin;
    SP=0x50;                                //设置堆栈区
    PORT=0x89;                              //8255初始化
    alarm_beep=1;                           //闹铃禁声
    TMOD=0x11;                              //定时器0工作在方式1，定时器1工作在方式1
    TL0=0xb0;                               //定时器0初始化，6MHz晶振定时时间100ms
    TH0=0x3c;
    TL1=0x58;                               //定时器1初始化，6MHz晶振定时时间50ms
    TH1=0x9e;
    ET0=1;                                  //定时器0允许中断
    ET1=1;                                  //定时器1允许中断
    EA=1;
    TR0=1;                                  //启动定时器0
    while(1)
    {
        display();                          //扫描显示
        alarm();                            //闹铃时间比较
        keyin=getkeynum();                  //调用键盘扫描
        if(keyin>10)                        //是校时键或清闹键
        {
            if((keyin==12)&&(alarm_fg==1))
            {
                alarm_beep=1;               //闹钟正在闹响，停闹
                alarm_fg=0;                 //清零闹钟标志
            }
            else
            {
                led1=0;                     //停止LED灯闪
                led2=0;
                timeset_fg=1;               //置位时间设置标志，禁止显示计时时间
                if(keyin==11)
```

```
            {
                TR0=0;                      //是，则暂时停止计时
                led1=0;                     //停止 LED 灯闪
                led2=0;
                modify（timebuf, 6）;
            }
            else
            {
                alarm_to_disp（）;            //闹铃时分送显示缓冲前 4 位
                dispbuf[4]=16; dispbuf[5]=16;
                modify（alarmbuf, 4）;        //调用时间设置/闹钟定时程序
            }
            TR0=1;                          //重新开始计时
            timeset_fg=0;                   //清零时间设置标志，恢复显示计时时间
        }
    } //end of if（keyin>10）
} //end of while（1）
}
```

10.2.5 系统调试与脱机运行

完成了硬件的设计、制作和软件编程之后，要使系统能够按设计意图正常运行，必须进行系统调试。系统调试包括硬件调试和软件调试两个部分。不过，作为一个计算机系统，其运行是软、硬件相结合的。因此，软、硬件的调试不可能绝对分开，硬件的调试常常需要利用调试软件，软件的调试也可能需要通过对硬件的测试和控制来进行。

1. 硬件调试

在实际应用系统设计中，硬件调试的主要任务是排除硬件故障，其中包括设计错误和工艺性故障。

（1）脱机检查

用万用表逐步按照电路原理图检查印制电路板中所有器件的各引脚，尤其是电源的连接是否正确；检查数据总线、地址总线和控制总线是否有短路等故障，顺序是否正确；检查各开关按键是否能正常开关，是否连接正确；各限流电阻是否短路等。为了保护芯片，应先对各 IC 座（尤其是电源端）电位进行检查，确定其无误后再插入芯片检查。

（2）联机调试

可以通过一些简单的测试软件来查看接口工作是否正常。例如，可以设计一个软件，使 8255 的 A，B 口输出 55H 或 AAH，同时读 C 口。运行后，用万用表检查相应端口电平是否一高一低，在仿真器中检查读入的 C 口低 3 位是否为"1"。如果正常，说明 8255 工作正常。还可设计一个使所有 LED 全显示"8."的静态显示程序来检验 LED 的好坏。如果运行测试结果与预期不符，很容易根据故障现象判断故障原因，并采取针对性措施排除故障。

2. Keil C51 与 Proteus 联合调试设置

（1）Keil C51 的设置

在 Keil C51 中建立好项目文件及编译成功后，单击"Project"菜单的"Options for Target"选项或者单击工具栏的"option for ta rget"按钮 ，弹出窗口；然后单击"Debug"标签，如图 10-10 所示。

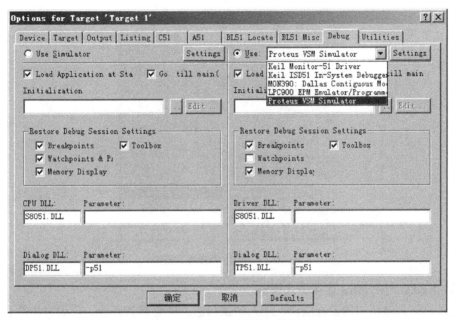

图 10-10　Debug 设置对话框

在对话框里，在右栏上部的下拉菜单里选中"Proteus VSM Simulator"选项，并且选中"Use"前面的圆圈。

再单击"Setting"按钮，弹出如图 10-11 所示对话框，设置通信接口。在"Host"文本框中输入"127.0.0.1"。如果使用的不是同一台电脑，需要在这里添上另一台电脑的 IP 地址（另一台电脑也应安装 Proteus）。在"Port"文本框中输入"8000"，单击"OK"按钮即可。最后将工程编译，进入调试状态，并运行。

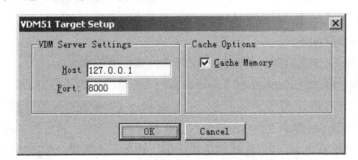

图 10-11　远程调试通信接口设置

（2）Proteus 的设置

进入 Proteus 的 ISIS，选择菜单"调试"选项卡，然后选中"使用远程调试设备"复选框，如图 10-12 所示。打开与 Keil C51 的工程文件所对应的图形文件，便可实现 Keil C 与 Proteus 连接调试。

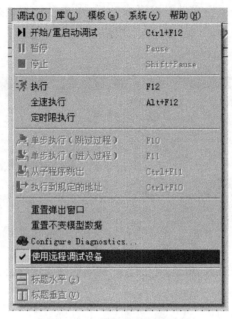

图 10-12　使用远程调试选择

（3）Keil C 与 Proteus 连接仿真调试

最后，将 Keil C 中的工程编译，进入调试状态；再看看 Proteus，已经发生变化了。这时，执行 Keil C 中的程序（单步、全速都可以，也可以设置断点等），Proteus 已经在进行仿真了。

3．软件调试

软件调试的任务是利用开发工具进行在线仿真调试，发现和纠正程序错误，同时能发现硬件故障。

程序的调试应一个模块一个模块地进行。首先，单独调试各功能函数模块，检验程序是否能够实现预期的功能，接口电路的控制是否正常等；然后逐步将各函数模块连接起来总调。联调需要注意的是，各程序模块间能否正确传递参数。

调试的基本步骤如下。

（1）修改显示缓冲区内容，屏蔽拆字程序，调试动态扫描显示

例如，将显示缓冲区 dispbuf［0］～dispbuf［5］单元置为"012345"，应能在 LED 上从左到右显示"012345"。若显示不正确，可在 display（）函数相应的位置设置断点调试检查。然后，通过修改 timebuf[0]～timebuf[2]计时缓冲区内容、调用拆字函数 time_to_disp（）和调试显示模块 display（），看显示是否正确，若显示不正确，应在 time_to_disp（）函数里相应的位置设置断点，调试检查。

（2）运行主程序调试计时模块，不按下任何按键，检查是否能从 00：00：00 开始正确计时

若不能正确计时，则应在定时器中断服务函数中设置断点，检查时、分、秒是否随断点运行而变化。然后，重新设置缓冲区内容为 23：58：48，运行主程序（不按下任何按键），检验能否正确进位。

（3）调试键盘扫描模块 keyscan（）和 getkeynum（）

先用延时 10ms 函数代替显示函数延时消抖，在求取键号后设置断点。中断后，观察键号是否正确。然后，恢复用显示子程序延时消抖，检验与 display（）模块能否正确连接。

（4）调试时间设置/闹钟定时模块 modify（）

设置断点调试 modify（）模块，观察显示缓冲区 dispbuf［0］～dispbuf［5］单元的内容是否随键入的键号改变；改变断点位置，观察时钟时间和闹钟时间缓冲区内容是否随键入的键号改变。

（5）运行主程序联调

检查能否用键盘修改当前时间及设置闹钟，能否正确计时、启闹、停闹。

10.2.6　项目总结

本项目采用 8255 芯片实现了 6 位数码管的时钟显示，并且采用软件定时的方式实现。

实际产品应用时一般不采用软件定时的方式，而是采用专用时钟芯片，如 DS1302。时钟走时由时钟芯片自动完成。通过时钟芯片的接口，单片机只要定期从时钟芯片读出时间信息即可；可以实现日期显示及万年历；并且系统掉电后时钟不丢失，使用起来非常方便。

参 考 答 案

单元检测题 1

一、单选题

1. C 2. B 3. A 4. A 5. D 6. D 7. A 8. D 9. A

二、填空题

1. CPU 存储器 I/O 接口电路 定时器/计数器 中断系统等
2. 限流
3. if if～else if～else switch
4. do-while while
5. 0 1
6. 无符号字符
7. 6.0 2

三、简答题

1. 单片机是指将 CPU、存储器、I/O 接口电路、定时器/计数器、中断系统等控制器集成在一块硅片上的微型计算机。具有体积小、成本低、控制功能强、可靠性高等特点。

2. P0 口是一个漏极开路的双向 I/O，由于内部不带上拉电阻，在作为 I/O 口用时，必须外接上拉电阻，否则，不能输入输出高电平。P1～P3 口内部带有上拉电阻，作为 I/O 口用时不需要外接上拉电阻。

3. if 语句、if～else 语句、switch 语句。

4. while 语句、for 语句、do-while。

单元检测题 2

一、单选题

1. B 2. C 3. A 4. B 5. B

二、填空题

1. 80H～FFH

2. 00H～1FH 20H～2FH 30H～7FH

3. 0000H 0000H

4. #define PI 3.1415

5. 程序存储器中

三、简答题

1. sbit 用来给位地址空间定义一个符号，如 sbit P1_0=P1^0

bit 用来定义一个位变量,编译系统分配给位变量的位存储空间在 20H～2FH 的某一位，如 bit a；

2.

存储器类型	说明
data	直接访问内部数据存储器（128B），访问速度最快
bdata	可位寻址内部数据存储器（16B），允许位与字节混合访问
idata	间接访问内部数据存储器（256B），允许访问全部地址
pdata	分页访问外部数据存储器（256B）
xdata	外部数据存储器（64KB）
code	程序存储器

3. 增加程序的可读性；当符号常量代表的值发生变化时，只要在程序的宏定义地方修改，不需修改程序其他地方。

4.

标志符	作用	举例及说明
CBYTE	定义 ROM 一个字节数据的 16 位地址空间	如 "#define ROM_a CBYTE [0x1FFF]"，ROM_a 表示一个字节数据的 ROM 1FFFH 地址单元
DBYTE	定义内部 RAM 一个字节数据的 8 位地址空间	如 "#define RAM_a DBYTE [0x30]"，RAM_a 表示一个字节数据的 RAM 30H 地址单元
PBYTE	定义外部 RAM 一个字节数据的 8 位页内地址空间	如 "#define RAM_a PBYTE [0x30]"，RAM_a 表示一个字节数据的外部 RAM 页内地址 30H 单元
XBYTE	定义外部 RAM 一个字节数据的 16 位地址空间	如 "#define RAM_a XBYTE [0x7FFF]"，RAM_a 表示一个字节数据的外部 RAM 7FFFH 地址单元
CWORD	定义 ROM 一个字数据的 16 位地址空间	如 "#define ROM_a CWORD [0x1FFF]"，ROM_a 表示一个字数据的 ROM 1FFFH 地址单元
DWORD	定义内部 RAM 一个字数据的 8 位地址空间	如 "#define RAM_a DWORD [0x30]"，RAM_a 表示一个字数据的 RAM 30H 地址单元
PWORD	定义外部 RAM 一个字数据的 8 位页内地址空间	如 "#define RAM_a PWORD [0x30]"，RAM_a 表示一个字数据的外部 RAM 页内地址 30H 单元
XWORD	定义外部 RAM 一个字数据的 16 位地址空间	如 "#define RAM_a XWORD [0x7FFF]"，RAM_a 表示一个字数据的外部 RAM 7FFFH 地址单元

5. ① 位（bit）：信息的基本单元，它用来表达一个二进制信息"1"或"0"。

② 字节（Byte）：一个字节由 8 个信息位组成，通常作为一个存储单元。

③ 字（word）：字是计算机进行数据处理时，一次存取、加工和传递的一组二进制位。

④ 容量：存储器芯片的容量是指在一块芯片中所能存储的信息位数。

⑤ 地址：字节所处的物理空间位置是以地址标志的。

单元检测题 3

一、单选题

1. B　2. D　3. A　4. D　5. B　6. A

二、填空题

1. 加　13　16　8

2. 控制定时器的方式和功能　不可　控制定时器是否开始计数　可

3. 机器周期　P3.4 或 P3.5

4. 运行启动控制位　P3.2 或 P3.3

5. 1　硬件　软件

6. TL0 的低 5 位　TH0 的 8 位　13

7. GATE=1

三、简答题

1. 从定时器/计数器逻辑结构图可以看出，两个 16 位定时器/计数器 T0 和 T1，分别由 8 位计数器 TH0，TL0 和 TH1，TL1 构成，它们都是以加"1"的方式计数。

特殊功能寄存器 TMOD 控制定时器/计数器的工作方式，TCON 控制定时器/计数器的启动运行并记录 T0，T1 的计数溢出标志。

2. ① 确定工作方式——对 TMOD 赋值。

② 预置定时或计数的初值——直接将初值写入 TH0，TL0 或 TH1，TL1。

③ 根据需要开启定时器/计数器中断——直接对 IE 寄存器赋值。

④ 启动定时器/计数器工作——将 TR0 或 TR1 置"1"。

单元检测题 4

一、单选题

1. D　2. D　3. A　4. D　5. D　6. D　7. D

二、填空题

1. 正在执行的程序　中断函数

2. 5 2 2

3. 低优先级

三、简答题

1. 在 P3.2 引脚上输入下降沿脉冲或低电平时，IE0 标志位置"1"；在 P3.3 引脚上输入下降沿脉冲或低电平时，IE1 标志位置"1"；在定时器 T0 的计数器发生计数溢出时，TF0 置"1"；在定时器 T1 的计数器发生计数溢出时，TF1 置"1"；在串口发送完或接收完一帧数据时，TI 或 RI 置"1"。

2. 系统中如果用到定时器 T0 的溢出中断，必须开定时器的中断，即 ET0=1，EA=1；系统中如果用到定时器 T1 的溢出中断，必须开定时器的中断，即 ET1=1，EA=1；系统中如果用到外部中断 0，必须开定时器的中断，即 EX0=1，EA=1，如果下降沿触发，则 IT0=1；系统中如果用到外部中断 1，必须开定时器的中断，即 EX1=1，EA=1，如果下降沿触发，则 IT1=1；系统中如果用到串口中断，必须开串口的中断，即 ES=1，EA=1。如果还要设置中断的优先级，则要使 IP 的相关位置"1"。

单元检测题 5

一、单选题

1. B 2. D 3. A 4. C 5. D 6. A 7. B 8. B

二、填空题

1. 并行通信 串行通信

2. 起始位 数据位 校验位 停止位

3. 高

4. 扩展并行输入输出口

5. 系统时钟频率 时钟频率 定时器 T1 的溢出率

6. 起始位 0 8 个数据位 停止位 1

三、简答题

1. 并行通信是指一个数据的各位用多条数据线同时进行传送的通信方式。其优点是传送速度很快；缺点是一个并行数据有多少个位，就需要多少根传输线，只适用于近距离传送，对于太远的距离，传输成本太高，一般不采用。

串行通信是指一个数据的各位逐位顺序传送的通信方式。其优点是仅需单线传输信息，特别是数据位很多和远距离数据传送时，这一优点更为突出。串行通信方式的主要缺点是传送速度较低。

2. 异步通信帧格式包含起始位、数据位、奇偶校验位、停止位。

① 起始位：位于字符帧开头，为逻辑低电平信号，只占一位，用于向接收端表示发送端开始发送一帧信息，应准备接收。

② 数据位：紧跟起始位之后，通常为 5～8 位字符编码。发送时低位在前，高位在后。

③ 奇偶校验位：位于数据位之后，仅占 1 位，用来表示通信中采用奇校验还是偶校验。

④ 停止位：位于字符帧最后，表示字符结束。其为逻辑高电平信号，可以占 1 位或 2 位。接收端接收到停止位，就表示这一字符的传送已结束。

3. 在方式 1 和方式 3 时，波特率不仅仅与晶振频率和 SMOD 位有关，还与定时器 T1 的设置有关。波特率的计算公式为

$$波特率=2^{SMOD}/32\times 定时器 T1 溢出率$$

其中，定时器 T1 的溢出率又与其工作关系、计数初值、晶振频率相关。定时器 T1 作为波特率发生器时，通常选用定时器工作方式 2（8 位自动重装定时初值），但要禁止 T1 中断（ET1=0），以免 T1 溢出时产生不必要的中断。先设 T1 的初值为 X，那么每过 256$-X$ 个机器周期，定时器 T1 就会溢出一次，溢出周期为 $12\times（256-X）/f_{osc}$。T1 的溢出率为溢出周期的倒数。所以，波特率=$2^{SMOD}/32\times f_{osc}/12/（256-X）$。

单元检测题 6

一、单选题

1. C 2. B 3. B 4. A 5. D 6. A

二、填空题

1. 线选法 译码器法

2. 2KB 14

3. 地址总线 数据总线 控制总线

4. 高 8 位 A8～A15

5. 地址 数据

6. 首地址

三、简答题

1. 因为 P0 口线既作为地址线使用，又作为数据线使用，具有双重功能，因此需采用分离技术，对地址和数据进行分离。在对外部存储器访问时，P0 口提供的地址信息已不存在，此时是数据信息，所以要加地址锁存器。

2. 根据工作方式控制字的格式，应为 0x90。

3. unsigned int *p=a;

单元检测题 7

一、单选题

1. A 2. A 3. C 4. A 5. A

二、填空题

1. 静态　动态
2. 共阴极　共阳极
3. 硬件　软件
4. 程序存储器中
5. 字符型　字符　图形

三、简答题

1. LED 数码显示器的显示方法有静态显示和动态显示两种。

静态显示的优点是显示程序简单、亮度高，占用 CPU 的时间少；缺点主要是显示位数较多时，占用 I/O 线较多。

动态显示的缺点是程序复杂，亮度低；优点是线路简单、成本低。

2. 将要显示的字符转换成字段码的过程就称为译码。软件译码就是将要显示的字符代码通过软件译成字段码，CPU 可直接将字段码通过并行接口送到 LED 数码显示器。软件译码的优点是方便、灵活，可显示特殊字形，小数点处理方便。

3. ① 写指令 38H：显示模式设置。

② 写指令 01H：显示清屏。

③ 写指令 06H：显示光标移动设置。

④ 写指令 0CH：显示开及光标设置。

⑤ 写存储器的地址（即显示位置）。

⑥ 写显示的字符。

其中，①②③④步骤通常在初始化中完成。

单元检测题 8

一、单选题

1. C 2. B 3. A 4. D

二、填空题

1. 编码　非编码
2. 硬件　软件延时

3. 简单　矩阵式

4. 软件　行　列

5. 0　1

三、简答题

1. 独立式键盘的各个按键之间相互独立，每一个按键连接一根 I/O 口线。独立式键盘电路简单，软件设计也比较方便，但由于每一个按键均需要一根 I/O 口线，当键盘按键数量比较多时，需要的 I/O 口线也较多，因此独立式键盘只适合于按键较少的应用场合。

矩阵式键盘，每一行或每一列上连接多个按键，占用的 I/O 口线少，适合于按键较多的应用场合。

2. 矩阵式键盘扫描程序能够判断是否有键按下，当有键按下时还能找到闭合键所在的行号和列号，并生成约定闭合键的键值。

单元检测题 9

一、单选题

1. A　2. C　3. D　4. A　5. C

二、填空题

1. 8　8

2. 11　12

3. 模拟　数字　数字　模拟

4. 分辨率　输出特性

5. 分辨率　转换速度　输出量

6. 电流　电压

三、简答题

1. 总线结构方式：在电路设计时，可以将 ADD-C，ADD-B，ADD-A 引脚接低位地址线（A0～A7 地址线）中的任意 3 根（这样的话，每个模拟量输入通道都有固定的通道地址），也可以将 ADD-C，ADD-B，ADD-A 引脚接数据线，一般接 D2，D1，D0 数据线（这样的话，每个模拟量输入通道都有固定的通道号），START，ALE，OE 引脚控制信号由单片机的读写控制信号（$\overline{RD}$，$\overline{WR}$）、高位地址线通过或非门来实现。CLOCK 引脚接满足频率（一般取 500kHz 左右）要求的脉冲信号，一般用单片机的 ALE 引脚信号经过 2 分频或 4 分频来实现，也可用单片机内部的定时器控制某一 I/O 引脚输出脉冲。

I/O 口电路设计：就是将 ADC0808 的数据引脚（D0～D7）、通道地址引脚（ADD-C、ADD-B 和 ADD-A）、控制引脚（START，ALE 和 OE）分别接单片机的 I/O 口引脚，通过编写软件模拟 ADC0808 的工作时序来实现启动转换、读取转换结果等操作。

2. 直通方式是指两个寄存器都处于开通状态，即所有有关的控制信号都处于有效状态，输入寄存器和 DAC 寄存器中的数据随 DI0～DI7 的变化而变化。也就是说，输入的数据会被直接转换成模拟信号输出。这种方式在微机控制系统中很少采用。

单缓冲器方式即输入寄存器的信号和 DAC 寄存器的信号同时控制，使一个数据直接写入 DAC 寄存器。这种方式适用于只有一路模拟量输出或几路模拟量不需要同步输出的系统。

双缓冲器方式即输入寄存器的信号和 DAC 寄存器信号分开控制，这种方式适用于几个模拟量须同时输出的系统。

参 考 文 献

［1］夏继强，邢春香编著. 单片机应用设计培训教程. 北京：北京航空航天大学出版社，2008.

［2］石从刚等编. 实用 C 语言程序设计教程. 北京：中国电力出版社，2005.

［3］张靖武等编著. 单片机系统的 Proteus 设计与仿真. 北京：电子工业出版社，2007.

［4］金龙国编. 单片机原理与应用. 北京：中国水利水电出版社，2005.

［5］张志良编. 单片机原理与控制技术. 北京：机械工业出版社，2004.

［6］李宏等编著. 液晶显示器件应用技术. 北京：机械工业出版社，2004.

［7］朱永金等编著. 单片机应用技术（C 语言）. 北京：中国劳动社会保障出版社，2008.

［8］王静霞编. 单片机基础与应用（C 语言版）. 北京：高等教育出版社，2016.